U0181152

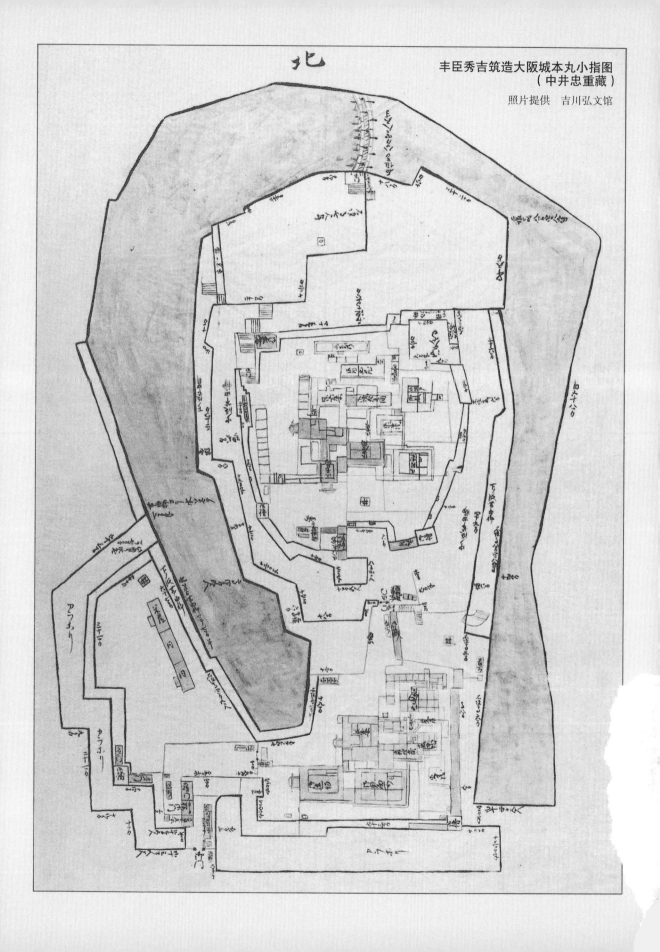

北

丰臣秀吉筑造大阪城本丸小指图
（中井忠重藏）

照片提供　吉川弘文馆

大阪冬之阵布阵图

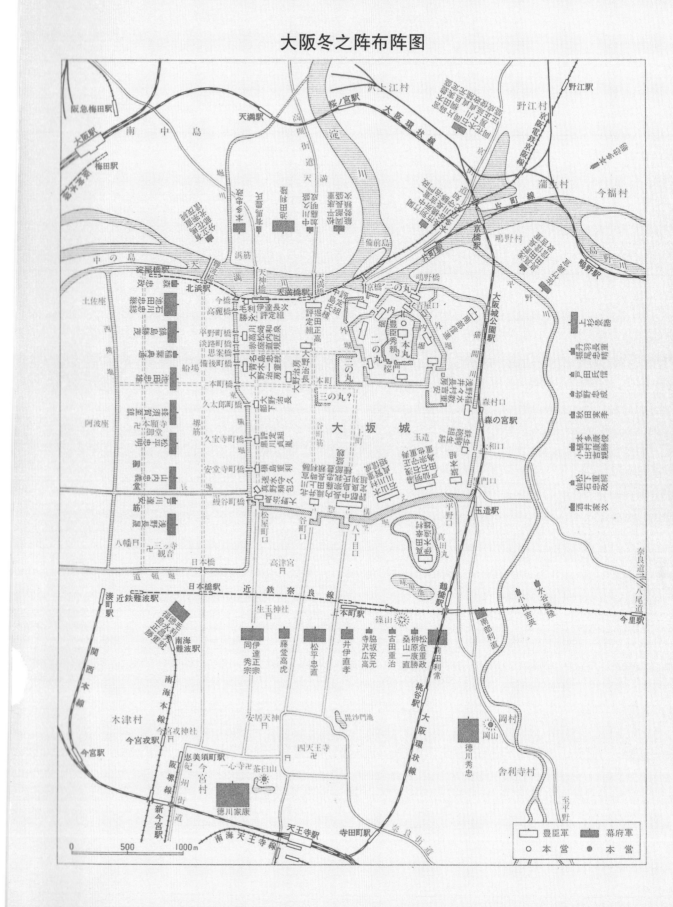

文
景

Horizon

日本营造之美

第二辑

〔日〕宫上茂隆 等 著

〔日〕穗积和夫 绘

张雅梅 等 译

上海人民出版社

日本营造之美

第二辑

大阪城

天下无双的名城

[日] 宫上茂隆　著
[日] 穗积和夫　绘
张雅梅　译

k.Hozumi /'83

目 录

前　言

在日本大阪[1]市的中心，尚遗留着护城河和石垣轮廓的大阪城，今日已成为供民众运动休憩的一处绿意盎然的大公园。城郭中心的本丸[2]旧址矗立着一座钢筋混凝土打造的天守阁，是1931年（昭和六年）由市民捐款重新建设完成的。历经近一个世纪的淬炼，如今这座城郭俨然已成为大阪的象征，每年来自全国各地的观光客络绎不绝。

今日我们看到的是如此宁静祥和的景象，这让人难以想象过去的大阪城也曾经烽烟弥漫，放眼之处血流成河。

大阪城的历史起源自日本战国时代在此处兴建城郭雏形的石山本愿寺。后来与织田信长交战时，本愿寺陷入大火，继织田信长之后接手天下大业的丰臣秀吉便直接在石山本愿寺城的遗址兴建大阪城，成为人人口中有如铜墙铁壁的要塞。不幸的是，到了丰臣秀吉之子秀赖主政时，城郭被德川幕府的军队攻破。建筑物不仅遭到大肆破坏，甚至为祝融焚毁。这场战役（大阪之战）之后，德川幕府曾重建这座巍峨的城池，奈何它未能躲过江户幕府末期维新之战（戊辰战争）引发的一场大火，建筑物再度被摧毁了大半。明治时代以后，这里一度成为陆军兵营，太平洋战争爆发时，因遭遇空袭，剩下的建筑物又被烧掉了一部分。战争结束后，这里成为美军驻扎的中心，一直到1948年，大阪城才真正回归市民所有。当时的大阪城可说是一片荒芜，但在市政府的规划下，人们一点一滴地将其建设成公园，直至今日的规模。

大阪城现存的石垣是德川幕府兴建的。明治时代学者的小野清就曾提出这种观点，但直到1959年的综合学术调查，一份关于古迹石垣的研究报告出炉，才真正确认了这个事实。

1　大阪：古作"大坂"，历史上两种写法有一定程度的混用，至明治时代正式定为"大阪"。为避免混乱，本书统一使用"大阪"。——编者注
2　本丸：即本城之意。——译注（下文若无标注，则均为译注）

今日大阪城的天守阁

不过，丰臣秀吉兴建的大阪城的原始样貌究竟如何呢？

为了解开这个谜团，我从 1963 年着手研究，距今已有近六十年的历史了。

我很幸运地在当年担任德川幕府京都木匠工头的中井家收藏的建筑图中找到了解开这个谜题的关键古图。

这张古图纸质纤薄，仅有 40 厘米长、30 厘米宽，上面描绘的也只有本丸部分。虽然图上的城池看上去和德川时代的大阪城本丸相去不远，但仍有若干明显的出入。

图上明确记载着石垣各部位长度和高度的间[1]数，建筑物在城里的配置，乃至御殿的空间规划等，皆一目了然。仔细调查后发现，这张"本丸图"原来是照着尺寸更为精确的原图拓下来的复本。

复本中记载的石垣长度间数，可说正确无误。根据是，当我将

——————————

1　间：此处指日本建筑中两根柱子之间的距离，一般约等于 1.8 米。

本丸图的城郭与现在大阪城城郭的实测平面图重叠在一起时，发现两张图上本丸外围石垣的描线几乎一模一样。从以上种种的测试得知，本丸图实际上是按照一间（当时六尺五寸，约等于1.97米）比五厘五毛（约1.65毫米）的比例缩小的实测图（比例尺约1∶1180）。

在综合学术调查的过程中，调查小组有了一样新发现。本丸中央部位的挖掘工程中，人们发现在地下约7.5米的地方存在一道由天然岩石堆积而成的石垣。现存由德川幕府建造的护城河石垣使用的是加工过的石头，那么这道地下石垣很可能属于丰臣时代。我用本丸图来对照石垣的位置，发现它应该是本丸西侧"中段带状曲轮"的一隅。

于是，我们以这道地下石垣的高度为基准，按本丸图记载的石垣高度间数计算本丸各个部分的高度，发现数据与如今的本丸非常接近。也就是说，本丸图记载的石垣高度间数十分精确。

那么，如此准确的一幅丰臣时代古建筑图，怎么会流落到中井家呢？（中井家的初代正清是德川家康时代的木匠。）为何图上仅描绘了本丸和内护城河，没有其他部分？

上述疑问可通过文献研究得到解答：因为丰臣秀吉时代的首批建筑工程的确只包含本丸和内护城河两部分。根据这个结果，我们发现原来中井正清之父正吉正是本丸兴建工程的木匠工头。由此可以推断，这幅本丸图应该是在中井正吉的指挥之下，于本丸石垣盖好时描绘下来的。

有了这幅本丸图，我们在研究丰臣秀吉的大阪城时，至少在本丸与内护城河这部分，有了非常具体而微的依据。

在这幅本丸图曝光之前，考古学家都是用描绘大阪冬之阵与夏之阵场景的画作，或是可以看出大名[1]在沙场布阵情形

---

1 大名：日本封建时代的诸侯。

的"大阪之阵图",作为具体呈现丰臣时代大阪城的史料。

其中，原本由福冈藩主黑田家收藏的"夏之阵图屏风"（现存于大阪城天守阁）颇为知名。它描绘的是夏之阵的最后一日，丰臣军与幕府军决一死战的惨烈景象，画面的一隅正好出现大阪城本丸。若将此图与本丸图比对，会发现两座本丸的基本结构并无二致，因此间接证实了此图是曾参与战役的黑田长政命画家所绘的传说。我们甚至可以确定，当年黑田长政的父亲官兵卫孝高，与丰臣秀吉筑城之间必定有着密不可分的关联。

除此之外，还有一些"大阪之阵图"的可信度在与本丸图的对照中得到了证实，根据这些图像，本丸外围的二之丸[1]与外护城河，以及更外圈的总构的样貌，我们都能略知一二。

当年，来访大阪城的大名等客人，丰臣秀吉均会亲自带他们游览城内风光，所以大分的大名大友宗麟和基督教传教士弗洛伊斯（Luis Frois）等人才会分别留下详尽的大阪城见闻录。此外，一些断简残篇的文献史料中，亦可找到相关的记载。

本书的内容以上述相关史料为基础，一五一十地为读者展现丰臣秀吉建造大阪城的整个经过，以及大阪城消失于世的原委，同时，还要设法还原丰臣时代那个富丽堂皇的大阪城的整体结构，以及主要建筑物的风貌。希望这番历史的呈现，可以帮助我们了解日本战国时代到近世城郭建筑风格的演变，并探究近世城郭的建筑方式中隐含的意义。

1　二之丸：即本丸外围的第二重城郭。

昔日的大阪

大阪，过去被称作"摄津（大阪府）的难波"，自古以来即为连接日本东西两部分的交通要道。它位居西日本水运的大动脉——濑户内海的东端，自此循着淀川往东北方向上溯，可经过京都南方的淀、伏见，到达近江（滋贺县）的琵琶湖。从近江走陆路，可通往东日本的内陆及海岸。

另一方面，若是从大阪往东南方向循着大和川上溯，可到达大和（奈良）盆地。从此处穿过伊贺的山脉来到伊势，便可以前往东国[1]了。

从中国大陆和朝鲜半岛搭船来到西日本的人们，从难波上岸后不久便在当地成立了中央政府，都城就设在大和盆地。另一方面，大阪平原原有的豪族势力也在南部留下了许多古坟遗迹，传说其中最大的一座是仁德天皇的陵寝，因为当年仁德天皇的皇宫就设在难波。此外，那些想要远渡到朝鲜半岛的船只，同样得从难波或住吉的港口出发。传说，住吉大社最初便是神功皇后为了顺利出兵朝鲜半岛奉献给海神的神社。

到了飞鸟时代，佛教从朝鲜半岛传到日本，圣德太子为此特地兴建了四天王寺。

后来，大化改新（645）后成立的日本新政府仿效唐代中国的政治制度，在难波正式兴建起一座仿大陆式的都城——难波京。后续接手的天武天皇不仅进一步确立了此前的律令制度，也沿袭了飞鸟时代的惯例，将首都设在难波。就连史上著名的兴建了东大寺大佛殿的圣武天皇，也一度安身在难波宫。拥有这般辉煌历史的难波宫遗迹，正是从紧邻大阪城南方的一片空地里挖掘出来的。

这块孕育大阪城与难波宫遗迹的土地，位于南方四天王寺以北绵延的狭长台地（称为"上町

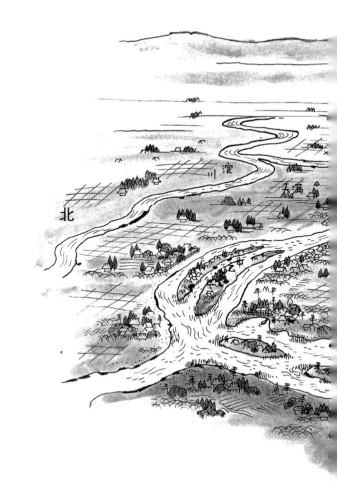

台地"）的北端。蜿蜒流淌在这块台地北方的淀川，分成若干支流朝西注入大阪湾。其中夹杂的泥沙日复一日地堆积成沙洲，在台地的西侧形成一片平缓的地带。台地的东侧远古时代曾经是汪洋一片（河内湖），生驹山麓一带形成大片的低地。大阪城兴建时，上町台地的尾端更有大和川的支流贯穿其间，因而呈现低湿地的风貌。

难波宫的政治光环逐渐褪色之后，淀川沿岸因为水陆交通中继站的地位而发展得热闹非凡，

1　东国：古代日本将铃鹿关、不破关以东的地区称为"东国"，与之相对的西部地区称为"西国"。——编者注

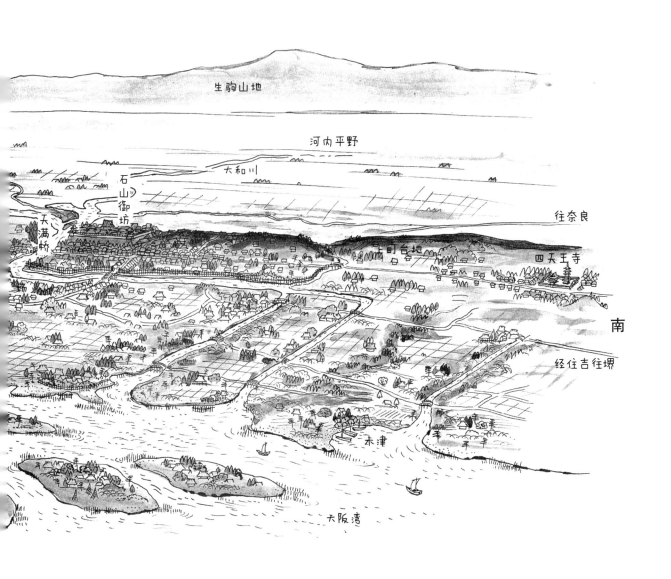

生驹山地

河内平野

大和川

石山御坊

往奈良

天满桥

上町台地

四天王寺

南

经住吉往堺

木津

大阪湾

而昔日皇宫所在地的台地（即"大阪"）成了一片田地，早已没有人家居住。

*

15世纪末，室町幕府内部相互倾轧，人人欲篡夺将军之位，引发应仁之乱（始于1467年），暴动的规模扩及全国各地。值此动荡不安之际，有位僧侣借这块台地建了一座佛堂，此人就是隶属于净土真宗（开山鼻祖为亲鸾）支系、来自本愿寺的第八代宗主莲如。莲如先前曾在越前（福

井县）的吉崎和京都的山科创建本寺，作为传教的根据地，将佛教发扬光大，使本愿寺成为真宗教派（一向宗）的势力中心。而就在前往新兴商都堺传教的途中，他体会到大阪实乃易守难攻的要隘。

据说，莲如正准备着手兴建安置亲鸾御影（肖像）的佛堂时，竟在地底下意外发现适合作为础石（用来竖立柱子的石头）的岩石。仿佛有人事先为他精心安排妥当一样，或许那石头原本即出自难波宫时代也说不定。总之，莲如将此番奇遇视为神迹，因而将该寺院取名为"石山御坊"。

战国时代出现的石山本愿寺

应仁之乱后，日本全国陷入长达百年的纷争。对这段暗无天日的时光，日本人特别套用了中国秦始皇统一天下之前的一个历史名词，以"战国时代"来称呼它。

在此期间，日本传统的政治结构发生了巨大变化。自古掌握政治权力的天皇和公卿贵族，乃至与他们利益相连的神社和寺院，以及组成室町幕府的将军、守护大名等中央统治阶级逐渐没落，取而代之的是地方武士和农民、商人、手工业者等庶民阶级，凝聚成一股新兴的势力。

在乡下农村，镰仓时代以来，农民及负责管理他们的武士一直致力于改良农业技术，开垦荒地以扩大农作范围，并积极投入治水工程。这使得农业生产力急速上升。

农民必须向身为村庄领主的地方武士上缴一定数量的作物作为年贡，地方武士则在扣除自己应得的部分后，将其余的年贡上缴给京城的领主（公卿、神社或寺院、将军、守护大名）。于是，地方武士和农民总是设法将额外增加的产量据为己有，以蓄积自己的实力。尤其当中央政府

为了平定应仁之乱而元气大伤时，地方的势力更趁机加倍壮大。后来，地方武士终于用武力摆脱了中央的统治，正式将领地占为己有。相对地，位于中央的统治阶层不仅一下子失去领地，而且连年贡都拿不到，很快就没落了。

武士成为名副其实的村庄领主，施行高压统治，村里的农民不得不团结起来联合其他村庄共同以武力对抗。这就是史称"一揆"[1]的地方势力。

本愿寺僧侣莲如倡导的净土真宗（又称一向宗），教义简而言之就是借由口诵南无阿弥陀佛助众生死后往生极乐净土。其内容浅显，言简意赅，一般老百姓都能听懂，而阿弥陀佛之下人人平等的理念也鼓舞了人们的勇气。于是，许多村庄借由信仰团结在一起，信众个个慷慨赴义，置死生于度外。这种由一向宗信徒组成的一揆称作"一向一揆"，力量十分强大，在莲如布道的北陆加贺国（石川县），甚至连当地的守护大名都被赶下了台。

莲如在越前吉崎和京都的山科兴建的本愿寺吸引了全国各地不少信徒前往朝圣，没隔多久便自然形成一片热闹的街市。此外，全国各地以寺庙为中心发展出来的新兴街市在同一时间内如雨后春笋般冒出来。这些街市称为"寺内町"。寺内町的外围通常会挖掘一道壕沟，加盖土垒（以泥土堆砌而成的防御屏障），用来防止武士或其他宗教派别的攻击。

石山御坊便是从寺内町扩大而成的。1532年（天文元年），山科本愿寺遭到京都町人组成的"法华一揆"与势力强大的武将联手攻击，寺院惨遭焚毁。于是，石山御坊转而成了净土真宗的本寺。

寺内町中心朝东的方位设置了安放亲鸾像的御影堂和阿弥陀堂，周围环绕着宗主家族的宅邸，外围则是专门安置从各地前来朝圣的信徒的地方，最外的一圈才是街市。各个区块形成了一圈圈由沟渠和土垒围绕起来的曲轮（请参考第15页），俨然是一座城郭。

佛堂前面的广场有时会架设临时的舞台上演能剧，有时会举行乡镇之间的拔河比赛。对信徒来说，寺内町的这种生活形态，或许正象征着人世间的极乐净土吧！

直到织田信长为了统一天下从尾张（爱知县）大举上洛（指进入京都），与一向一揆的势力正面对决，于1570年（元龟元年）以武力胁迫石山本愿寺撤出大阪。

本愿寺方面除了指示各地门徒团结起来组成一揆，更为不满织田信长的战国大名提供了武力支援，同时对石山本愿寺的防御结构进行了进一步强化。

护城河（水渠）和壕沟（干渠）统一加挖深度，并在地面上竖起五道栅栏及鹿砦，加盖守望用的橹（请参考第18页），备齐枪炮，并于石山周围的天王寺及西边海岸、北边的天满、东北的鸭野等地设立营寨，以万全准备迎战织田信长。

---

1 一揆：原指日本南北朝时代中小武士团的地域性团结，战国时代泛指都市或农民因不堪领主施行苛捐杂税或高利贷，动用武力反抗的团体势力。

战国时代的城郭 之一

　　战国时代的日本到处是营寨和城郭。各地的村庄和京都的街市都在外围设置沟渠或栅栏以自保，就连乡村武士的宅邸也是一样，寺庙则安设僧兵，和真正的城郭已无二致。

　　与农民的团结类似，武士之间也出现串联的情形。其中势力最强的日渐壮大成为一方霸主，称作"战国大名"。

　　一旦成为战国大名，首要之务便是兴建一座坚实的城郭来稳固自己的势力，以应付群起的农民一揆、旗下有力武士的密谋造反，以及预防邻

国大名的攻击。不仅如此，他们还要在领地的重要区域加盖城郭或规模较小的军事营寨"支城"，部署自己的族亲或得力家臣，做好全面防御的工作。

通常，战国大名的本城可分为山上及山下平地两部分。山上的营寨用来安置为防止造反向麾下的得力武士索取的人质，情势紧迫时还可以坚壁御敌。从山顶一直到半山腰，挖出一层层梯形平地（称为"某某曲轮"或"本丸"、"二之丸"等），并在每层平地的周围挖出一道壕沟，再用挖出来的土堆成土垒。如此以壕沟和土垒环绕保护的平地，就称为"曲轮"。

曲轮位置的安排是一门学问，在外侧曲轮遭敌人攻破时，人们必须能随时由内侧曲轮发动攻击，以遏止敌人的进逼。另外，为了防止敌人攻上山，除了挖掘壕沟阻断山棱，还会设置用以监视峡谷间上山道路动静的"出曲轮"。就连附近的山脉、丘陵都得部署营寨，这样才能掌握敌人的一举一动。

每个曲轮里均有供城主、士兵及人质住宿的房舍，以及收纳武器和囤放粮食专用的仓库。无论是何种用途，房子都是直接在地面挖洞立柱、上覆茅草或板葺加压石的简陋建筑。当时的建筑风格就是这么质朴，何况是战争中临时的军用之处，实在没必要有过多繁复的装饰。

城主平时多居住在山下的行馆，房子同样少不了沟渠和土垒的环绕，另外还安置了一座瞭望用的橹，作为最基本的保护。由于战国大名普遍很有修养，并热爱连歌[1]，通常在庭园的造景与建筑的设计上很花心思。只不过遇上战事，他们的财力和心思全花在养兵及添购武器上，生活才会显得如此简朴。

战国大名的行馆同样也是大名与重臣在每个月固定的日子讨论领地的诉讼或政治议题的场所。

行馆的周围分布有专供重臣从各自领地的居城前来开会时暂宿的房舍，以及大名家臣的住所、御用商人的店铺、神社及寺院等。这种围绕大名行馆形成的小镇称作"根小屋"，通常出现在山脚下的峡谷，四周不是有河川环绕，便是有人为的土垒或沟渠为保护（称为"总构"），一旦城郭遭受攻击，首当其冲被焚毁的往往也是这里。根小屋附近通常会出现热闹的商业街，定期举办市集活动。

---

1 连歌：日本诗歌的一种体裁，由二人以上分别咏长句五七五、短句七七，通常以一百句为一首。

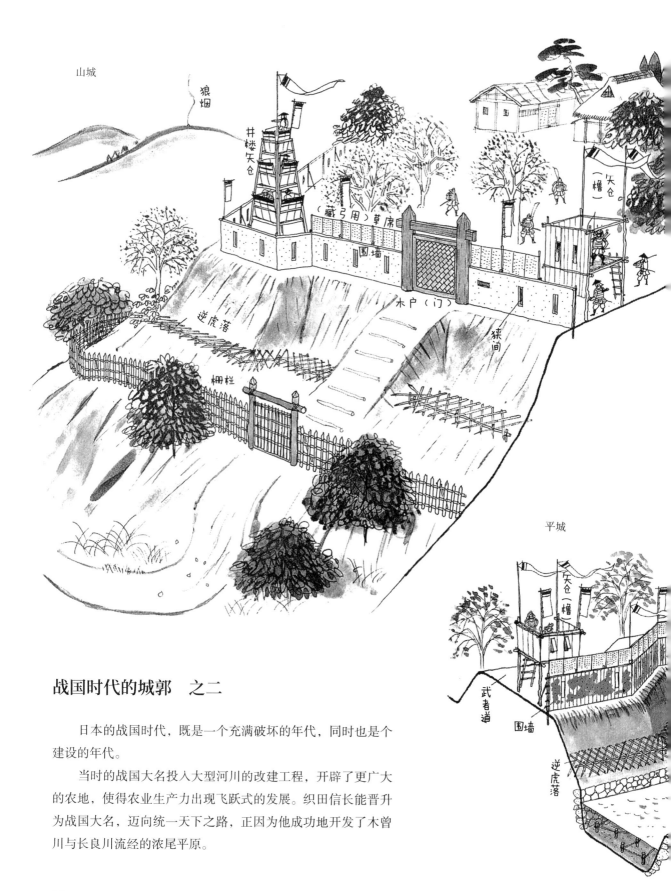

山城

狼烟

井楼矢仓

（藏弓用）草席

围墙

木户（门）

逆虎落

棚栏

狭间

矢仓（橹）

平城

武者道

围墙

逆虎落

矢仓（橹）

战国时代的城郭 之二

日本的战国时代，既是一个充满破坏的年代，同时也是个建设的年代。

当时的战国大名投入大型河川的改建工程，开辟了更广大的农地，使得农业生产力出现飞跃式的发展。织田信长能晋升为战国大名，迈向统一天下之路，正因为他成功地开发了木曾川与长良川流经的浓尾平原。

身为村庄领主的武士有权要求领地的百姓奉献劳力，投入地方的土木工程建设，并做满一定时日。百姓的劳役称为"夫役"，和上缴年贡一样是税赋的一部分。因此，每到农闲时期，领主就会命令大家集合，各自荷锄持锹准备上工服役。

武士应尽的义务（称为"奉公"）则是在必要时刻参战（军役），及参与筑城等各项重大建设工程（普请役），报答大名赐与领地的"御恩"。

所谓的"普请"，泛指土木工程或建设工程。对农民和武士来说，普请都是他们的日常工作。

*

决定城郭整体构造的关键性步骤圈绳定界称

为"绳张"，即在工地以拉绳的方式决定曲轮的大小。负责这项作业的武士必须拥有丰富的作战经验，并通晓各种战术。城郭内各部分如何兴建方能达到易守难攻的目标，是设计时要首先考虑的，需要倾注全副心力来完成。因此，相关技术往往被视为祖传法门，代代流传下来。

越前战国大名朝仓家流传下来的《筑城记》，今日已成为一部公开的史料，我们不如借由它了解一下，战国时代的城郭究竟是什么模样。

◆水井

山城最重要的设施就是水井了，尤其是敌人围城之际。

◆土居（土垒）

在围墙的内侧，设有三间宽供士兵行走侦察用的通道，称为"武者道"（武者走り）；相对

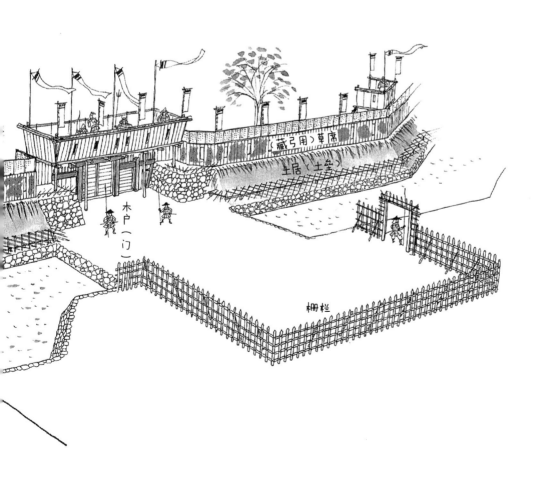

地，围墙外的部分称为"犬道"（犬走り）。土居的外侧设有逆虎落[1]或逆茂木，内侧则种植树木。把土居堆高，使外面的敌人无法一眼望穿内部的构造，这种技巧叫作"隐藏式结构"（黒構え）。相反地，若能使人看穿内部的情形，就称为"穿透式结构"（透し構え）。

◆围墙与狭间

山城的围墙（日文作"塀"）高度约有五尺二寸，而墙上射箭用的狭间（缝隙）高度有三尺二寸。平城的围墙高度约六尺二寸，狭间则高三尺五寸，且处处设有屏风般的折曲式围墙[2]。围墙的上方悬挂着二尺高的草席，用来遮掩弓箭的所在。在木户内侧距离约二间的地方，另设有一道整备应战用的围墙。

◆木户（木门）

在木户的上方架设陆桥，修成士兵守望用的武者道。在陆桥的外侧以木板竖立围墙，上面同样凿出一道道射箭用的狭间，挡以木板。而在木户两侧的围墙上，也设计了横式狭间。

◆大手（正门）、搦门（后门）

一般正门的位置会设有一座土桥，后门处则设计为木桥。后门的地方会预留一定的空间供士兵埋伏，这样敌人攻破大门冲进来时，可以发挥最大的攻击力挽回颓势。

◆矢仓（望楼）

矢仓，也称橹（两者日文发音相同），高度通常比围墙高出二尺余。城正面设置有两个狭间，并附有遮蔽用的木板（称为"狭间户"），必要时不管往里掀或往外推都很方便。为了便于拔除

敌方射在墙面上的乱箭，在矢仓和围墙之间特别空出二尺的距离。铺板以木板或竹子制作，正面与围墙保持平行。

◆井楼矢仓

这是一种组合式的矢仓，可重复往上加盖到二层、三层的高度，而下方的柱子依然能保持平衡，屹立不摇。即使初始只盖一层，它的结构仍有随时往上增建的弹性。要搭建这种井楼矢仓，必须在夜半进行，搭建时以盾牌挡在外侧作为防护。

◆栅栏

高度约六尺余，每一间的长度大约有五根木头。横杆必须绑在内侧，最下方一道横杆的高度约到人的膝盖。不能所有的栅栏排成一条直线，必须使之呈现弯弯曲曲的状态。竖立在围墙外的栅栏，绳结应绑在内侧。若是山城的栅栏，则高度略减。

◆紧急状况的通知
·狼烟

把木柴堆放在一起后点火，并加入狼的粪便作为燃料。

·篝火

将干燥的长条木堆在一起，顺风向点火。

（一间约 2 米。一尺约 30 厘米。一寸约 3 厘米。）

---

1 逆虎落："虎落"即竹栅，为防外敌入侵削尖一端向外的称为"逆虎落"，木制的也叫"逆茂木""逆木"。类似于鹿砦。——编者注
2 曲折式围墙：日文"折"，是一种具掩护效果的非平面式城墙，方便在敌人靠近时从侧面突袭。

织田信长进京

日本经过长年的兵戎交战之后，出面终结乱世并逐渐统一政权的是出身尾张的战国大名织田信长。信长最初居住的清洲城是一座平城（即建筑在平地的城郭），位置在今日名古屋的西边。

信长在桶狭间一役大破骏河（静冈县）出身的今川义元之后，便与三河（爱知县）的德川家康联手攻击美浓（岐阜县）的斋藤氏。

在此同时，信长的家臣木下藤吉郎（后来更名为丰臣秀吉）在美浓边境长良川对岸的墨俣成功兴建了营寨，作为日后夺取天下的根据地。木下藤吉郎采取的是一种称作"分割式普请"（割り普請）的做法，即将所有人力分组，再各自划分责任区，以分组竞争的方式来加快工程的进度。由于这座营寨完工的速度实在太快，后人均以"一夜城"来传诵它的奇迹。

信长攻下斋藤氏的稻叶山城之后，大军直接进驻此地，并仿效中国典故中的名词，把地名改成了"岐阜"。岐阜城是日本战国时代典型的山城式建筑，而信长在山脚下行馆的庭院中另外兴建了一座四层楼的唐样（中国风）殿宇，并且特地央请他景仰的京都天龙寺高僧策彦周良来为这栋建筑物命名。当时，策彦周良取的名字为"天主"，这就是今日"天守阁"[1]的旧称。自此之后，凡是信长发出的公文，均盖有"天下布武"字样的印章。其意图很明显，旨在昭告世人：织田信长将以武力统一天下！

后来，信长随同将军足利义昭共赴京都，在当地兴建了二条城作为将军的行馆。这座二条城大小约200米见方，四周环绕着石垣（石料彻成的围墙）与护城河，西南隅有一座三层楼的橹。京都的老百姓乍见这座石垣的城郭，无不睁大了眼睛啧啧称奇。

一般认为，信长盖出二条城这样一座石垣城郭，与他进京之前刚刚降伏南近江的大名六角氏有关——六角氏的根据地观音寺城就是一座石垣山城。

为了兴建城郭的石垣，信长从十多个领国召来15000—25000名武士投入工程。美其名曰为了兴建伟大的将军府，暗地里假公济私，趁机扩充自己麾下的军力。

后来，将军足利义昭与信长决裂，信长攻陷了二条城，并将足利义昭逐出京都。苟延残喘维系着政权的室町幕府，至此已名存实亡。

凡是与信长作对的人，包括越前的大名朝仓氏、北近江的浅井氏等，均遭到灭亡，就连历史悠久的大寺院比叡山延历寺也被信长放火烧毁。至于甲斐（山梨县）的武田氏，在三河长筱一役中被打到溃不成军。这场战役在日本历史上十分著名，因为信长为了对抗武田氏骁勇善战的骑兵，史无前例地将大量的洋枪运用在战场上，借此赢得了胜利。自此之后，日本发生的战争都改以步枪队作为战斗主力。

西洋枪支大约是在这次战役的三十年前由航抵九州种子岛的葡萄牙船只首度带上岸的，后来在日本和泉（大阪府）的堺与纪州（和歌山县）的杂贺等地直接制造，逐渐在全国各地普及开来。

位于大阪南方的堺，在当时可说是日本首屈一指的商业都市，港口经常挤满了来自中国大陆及东南亚各国载运奇珍异品的船只。这个地方除了生产枪支等武器之外，连中国的高级纺织品也制造得出来。

因此，信长进京之后的首要动作，便是立刻将堺收归自己的管辖范围。

---

1 日文中"天守"与"天主"同音，故有此演变。——编者注

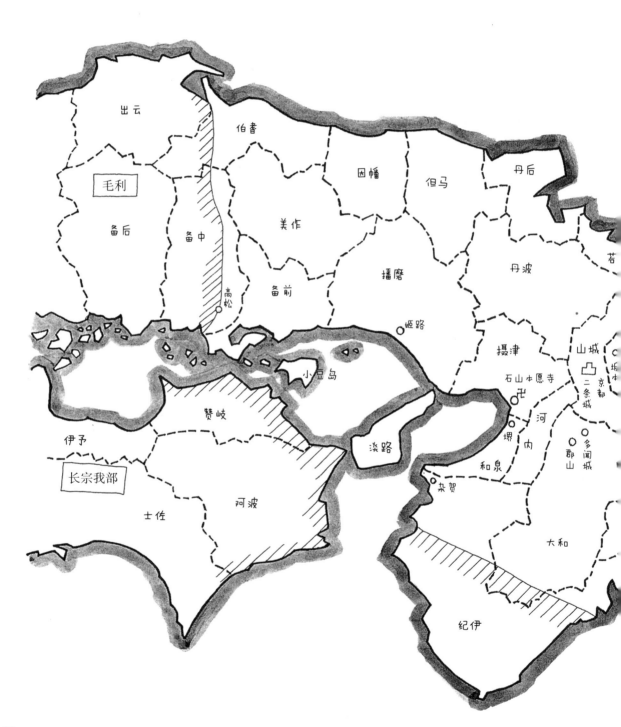

出云

伯耆

因幡

但马

丹后

毛利

备后

备中

美作

播磨

丹波

若

高松

备前

姬路

摄津

山城

小豆岛

石山本愿寺

卍

二条城

京都

坂本

赞岐

淡路

河

堺

内

多闻城

郡山

伊予

和泉

长宗我部

杂贺

大和

士佐

阿波

纪伊

能登

上杉

越后

越中

尾山（金泽）

加贺

飞骅

卍吉崎
本愿寺

北之庄

一乘谷

越前

上田

松本

信浓

小谷

美浓

琵琶湖

长滨

岐阜·稻叶山城

岳战
583

近江

大垣

墨俣

安土城

观音寺城

尾张

清洲城

甲斐

府中（甲府）

贺

那古野城

三河

桶狭间之战（1560）

冈崎

德川

骏河

北条

长筱之战
（1575）

远江

府中（骏府）

伊势

志摩

伊豆

织田信长的势力范围

安土城及城下

织田信长兴建安土城，并将本愿寺势力逐出大阪

1576 年（天正四年），信长在近江的安土重新打造属于自己的城郭，并将重心迁移至此。安土是东海道、东山道和北陆道的交会点，也是前往京都的重要交通枢纽，当时已经拥有一座观音寺城。尽管安土山山峰连绵，实际上只是一座高度约 100 米的小山，不过它面对着琵琶湖，具有揽尽四周美景的优势。于是，信长在安土山上打造了无数的小型曲轮，都有石垣环绕为保护。

位于山顶的曲轮盖了一座七层楼高（包含石垣包覆的地下一层）、总高度 35 米（从地下的础石算起）的天主。其高度与法隆寺的五重塔和药师寺的三重塔几乎不分轩轾。佛塔中虽然有东大

寺七重塔那般高达百米的建筑，但并不是供人攀登和居住的地方，而安土城的天主则是信长起居的御殿，可以登上最顶层。

石垣之上的一层至三层有许多房间，每道拉门不仅精巧地敷饰金箔，还装饰着狩野永德等画家亲手描绘的色彩鲜丽的画作。外墙下半段铺木板的部分涂以黑漆，上半段和屋檐内侧则全涂上了白漆。

三层的屋顶上方和法隆寺梦殿一样涂着朱漆的八角堂，其内部供奉着释迦牟尼佛十大弟子。而檐廊高栏下方的墙壁上绘有鯱[1]和飞龙的图样。不仅如此，顶楼的内外墙壁也都贴饰金箔，内侧

---

1 鯱：传说是一种能辟邪防妖的兽头鱼身动物。

安土城天主

奉命离开家乡的领地迁居至此，作为常备军投入战事。

山下同样备有武士专用的宅邸，另外还增建了若干町屋供工商业者使用，甚至还有基督教的教堂。居住在此地的人可享有减免各类税赋的特权，因此吸引了无数工商业者从各地前来淘金，城下町[1]逐渐成形。

在安土，日本城郭的形态可谓出现了巨大变化：从前由山上的城寨、山下的行馆和根小屋共同构成，如今在有一定高度的山上统一为一座城郭。这种新型城郭谓之"平山城"。平山城的制高点必然建造一座天主，而与城郭融为一体的城下町则大规模地密布着武士的宅邸、工商业者的店铺及寺院等建筑，俨然领国的经济中心。于是，日本近世城郭与城下町的新形态就此诞生。

尽管如此，一心想要统治全国甚至意图进军亚洲大陆的织田信长仍无法满足。他相中的最后一块筑城宝地就在大阪！

信长将根据地迁到安土城之后，开始加紧步伐进攻石山城，并运用新式的铁甲船在大阪湾一举击溃毛利氏的水军，断绝了他们对当时遭到围城之困的石山本愿寺的粮食补给。最终于1580年（天正八年），在天皇出面仲裁的情况下，信长与本愿寺停战和谈，石山城终于成功落入信长的手中，本愿寺的势力黯然退居纪伊（和歌山县）的鹭森。

就在权力交棒的混乱时期，石山本愿寺发生了一场持续三天的大火，繁荣喧嚣的寺内町也化成了灰烬。

信长就此拿下了大阪，虽然此时安土城甫落成没多久，他还是命令负责安土筑城任务的普请奉行[2]丹羽长秀驻守在石山城。

墙壁描绘了孔子十大弟子的画像，外侧则环绕着一圈檐廊。

天主屋顶的檐端采用的是一种正面贴有金箔的瓦片。这是在中国人的指导下制造的。

天主台的下方设有恭迎天皇用的行幸御殿与黑铁门。其他各曲轮分别作为部将和上级武士的住宅。信长麾下的武士来自尾张与美浓，他们

1　城下町：日本的一种城市形态，指以领主的居城为中心形成的街市。——编者注
2　奉行：日本武家时代担当行政事务的武士的官名。

23

丰臣秀吉取得天下，入主大阪

织田信长想在大阪筑城的梦想，最后由丰臣秀吉实现了。

丰臣秀吉 1537 年（天文六年）出生在尾张中村的一户贫穷农家，1554 年（天文二十三年）十八岁时离家来到时任尾张那古野城（今名古屋城所在地）城主的织田信长身边服侍。1561 年（永禄四年），秀吉与同样侍奉信长的浅野又左卫门长胜的养女宁宁（生父杉原氏）结婚。

织田信长一路从美浓、北伊势（三重县）、近江打到越前的过程中，丰臣秀吉屡建奇功，并于 1573 年（天正元年）在小谷城歼灭了北近江大名浅井长政（其妻为信长的妹妹阿市）的大军。信长认可他的贡献，将浅井氏的旧领地赐与秀吉。翌年，秀吉在琵琶湖的岸边兴建了长滨城，正式晋升为城主。也就是在此时，他将自己的称号改为"羽柴筑前守"。虽然当时可说是动辄以下犯上的时代，但像秀吉这样出人头地也是特例，这样的事，恐怕只有在以能力和实绩合理考察人才的信长麾下才可能发生。

1577 年（天正五年），秀吉以织田军司令官的身份在播磨（兵库县）一役上阵，进攻在中国地区[1] 拥有十个领国统治权的大大名——毛利氏。当时，姬路城主黑田官兵卫孝高决定与织田军站在同一阵线，开城投降，加入秀吉麾下，秀吉改建姬路城之后便以此为根据地，接二连三地攻陷周边隶属于毛利阵线的城郭。

1582 年（天正十年）六月，秀吉一方面以水攻战法（在城郭四周筑堤，利用大水淹没城郭

---

1 中国地区：此处指日本本州岛西部的山阳道、山阴道地区。

的一种战术）对付备中（冈山县）的高松城，一方面做好与毛利家主力军对决的准备，只待织田信长来指挥大局。岂料，信长在六月二日投宿于京都本能寺的时候，遭到手下部将明智光秀的突袭，最后被迫自尽（史上称为"本能寺之变"）。

以奢华著称的安土城建筑在这场混乱当中难逃火烧崩塌的命运。

秀吉得到织田信长遭遇不测的急报，火速展开应变：首先是与毛利氏和谈，并快速折返姬路城，将收藏在三层楼天守的金银财宝以及粮仓内的米粮全都分给部下，以表明自己血战到底、誓死不退回姬路城的决心，马不停蹄地一路从尼崎奔至山崎（位于京都和大阪之间）。而后，在天王山与池田恒兴（信长乳母之子）等多位部将会合，联合打败明智光秀的军队。

来回奔波期间，秀吉不忘差遣使者给驻守在大阪的部将捎信。信中指示："大阪必须交给信长大人的后继者，在此之前，务必尽全力守住。"

本能寺之变时，出兵至四国的织田信孝（信长的三子）与织田信澄（明智光秀的女婿）的军队皆驻留在大阪。发生动乱的消息一传出，人在城外的织田信孝便与驻守在本丸的丹羽长秀联手，出其不意地袭击驻扎在二之丸的角楼千贯橹的织田信澄军队，并将信澄杀害。"千贯橹"这个称号源自石山本愿寺时代，信长始终攻不下这座角楼，扬言"攻下此橹者赏金千贯"，从此后人以"千贯橹"称之。

山崎会战之后，所有织田家的部将齐聚清洲城，开会研商信长的继任人选与领地分配的问题。结果丰臣秀吉推举的三法师丸（织田信长的长子信忠之子）顺利成了继任者，而大阪一地则赐与池田恒兴。至于秀吉，他把原来的领地长滨让给了柴田胜家，自己则获得山城（京都府）等地，并着手在山崎的山上建筑一座城郭，用来监视京都、大阪方面的动态。

此后，织田信长的首要家臣（称为笔头家老），也是北陆方面军队司令官的柴田胜家，与实际为主君信长报了仇的执行者丰臣秀吉，关系日益紧张。

翌年（天正十一年，1583）四月，双方在琵琶湖北方的贱岳展开会战，最后秀吉取得胜利。战败的柴田胜家无奈地回到北之庄城（福井市），将自己关在天守的九楼，并放火烧屋。同时身亡的还有他的妻子阿市。信长的妹妹阿市在夫婿浅井长政于小谷城落难之后，被人连同三个女儿一起救出，后来因缘际会成了柴田胜家的继室。北之庄沦陷时，只有她的几个女儿被幸运救出，其长女茶茶后来成为丰臣秀吉的侧室（淀殿）。

这场战役之后，秀吉曾经写信给好友前田利家（信长的家臣，原为柴田胜家的属下）的女儿，信上提及："等我取得大阪，攻下各诸侯的城池，要使往后的五十年天下太平，不再有叛乱与战争发生。"

至此，秀吉身为织田信长继承人（天下人）的地位已然确立，他开始重新分配众家大名的领地，并将池田恒兴的势力挪到美浓大垣城去。然后，趁着信长逝世一周年的忌日法会在京都大德寺举办之便，秀吉也于六月四日正式入主大阪。隔没多久，他便开始着手兴建大阪城及周边商镇，也算完成了信长的心愿。

丰臣秀吉统筹筑城事宜

丰臣秀吉刚入主大阪城的时候，城郭的状态只能勉强算是把石山本愿寺烧毁的部分修复了而已。中央位置是本丸，外围有一圈二之丸，周边层层环绕着壕沟、护城河及土垒。

这次工程着重扩大沟渠的宽度，将土垒改造成坚固的石垣，并在石垣上方增建天守等新建筑。换句话说，就是把战国时代旧式的城郭改造成新形态的近世城郭。

扩建的首要目标是强化大阪城的防御能力，同时借由重塑城郭外观的威严形象，让敌对的大名望而生畏，不敢贸然来犯。总之，防患于未然是这次改建工程的目的之一。

秀吉取得天下大权的时候，有许多人认为他是一时幸运，所以他必须将大阪城盖得比安土城更气派，才能向天下人展示他的实力其实凌驾于织田信长之上。

修缮工程从本丸和内护城河开始。一般开展城郭的兴建工程同时必须做好充分的防御准备，以防敌人攻其不备，而大阪城正好有二之丸作为掩护，因此由本丸与内护城河着手，乃是势在必行。

为了替八月份即将展开的土木工程做准备，秀吉选出了各工程单位的奉行。

决定本丸、内护城河各部分规模与形态的绳张工作，乃是工程初始最重要的一环。秀吉把这部分的重任委托给黑田官兵卫来负责。他曾经在改建姬路城的时候以复杂精密的绳张技术赢得秀吉的赞赏。从此，他一直待在秀吉的身边，成为后者作战与外交决策的军师。

至于工程总负责人"普请总奉行"一职，则交由浅野长吉（后来改名为长政）来担任。浅野长吉是秀吉的正室宁宁的义弟，当时他既是秀吉的家臣之长（家老），也是近江濑田的城主。姬路的筑城工作中，由他和官兵卫共同担任普请奉行。

普请总奉行浅野长吉发出一道命令，通知追随秀吉的二十多位大名依照各自领地的稻米生产量（称为"知行高"）的比例，提供对应人数的役夫。而每位大名将此命令下达给底下的家臣武士，武士再分别传令给自己管辖的村庄，据此流程分派人数。于是，举凡大名以下，武士和农民均参与了筑城工程，投入到荷锄挖掘壕沟和搬运、堆砌石头等工作中。

在营建方面，身为城主的秀吉到处搜购木材，以木匠为首雇用了各种不同技艺的工匠。据判断，当时负责收购木材的应是杉原家次。家次是宁宁的叔父、近江坂本城的城主，也是秀吉的家老之一。

至于负责监督木匠及各类工匠的人，据了解应是福岛新右卫门。新右卫门同样是秀吉的亲戚，其子福岛正则因为在贱岳一役表现良好，后来还在秀吉的扶植之下坐上了大大名的位置。

在这项工程当中负责实际操作的木匠，秀吉

委由大和郡山城主筒井顺庆来挑选。原因是大和出身的木匠曾参与奈良多闻城的多闻橹和四重橹的兴建工程，再加上安土城增建天主的实绩，使他们深受信赖。

筒井顺庆选中了法隆寺四大木匠当中排名第一的中村伊太夫，但中村本人以年事已高为由，改推荐他的养子孙太夫正吉来担任栋梁。正吉的生父原本属于大和望族巨势氏，他本人是一名武士，他战死沙场之后，正吉的母亲便回到娘家所在地法隆寺村，后来成为中村的继室。于是，正吉由中村培育为一名木匠。

秀吉了解了正吉的背景之后，认定他是最适合打造这座天下名城的人选。于是，他让正吉正式成为大和武士中井家的继承人，名正言顺地冠上中井家的姓氏，并特许他带刀担任木匠工头。在中井正吉的号召之下，居住在法隆寺村的木匠和各类工匠全都加入了这次兴建城郭的工程。除此之外，他还从全国各地找来许多工匠参与工程。

御殿内的绘画部分，秀吉选择了狩野永德一派的画家。狩野永德作为当时风评最佳的画家，深获织田信长的青睐，后者曾找永德来为安土城的天主作画。

黑田官兵卫的绳张工程

正式开工之前，黑田官兵卫在绳张工作上花了颇大的一番功夫。他必须详细观察本丸的地形，利用地势的高低从防御安全的角度来判断沟渠要怎么挖、挖多深或多广，曲轮该怎么配置，哪里是虎口（城郭的出入口），橹和围墙又该如何安排等。

在本丸的设计考量中，保障城主的安全是第一要务。设计者需要考虑的不仅是如何击退来犯的敌人，还包括敌人入侵时己方如何趁着对方尚

未闯入城主御殿所在的最后一道曲轮做出最适当的反击，还要思考城池沦陷后城主要如何在第一时间逃脱。

绳张工作做得好坏，关系到城主和守城众人的生命安全，因此，黑田官兵卫审慎地反复思虑，然后将思考的结果绘成图，呈给丰臣秀吉，两人再共同研讨。

最终决定的本丸绳张方案可说是极其复杂。

本丸南部表御殿（外殿）的曲轮为矩形，中

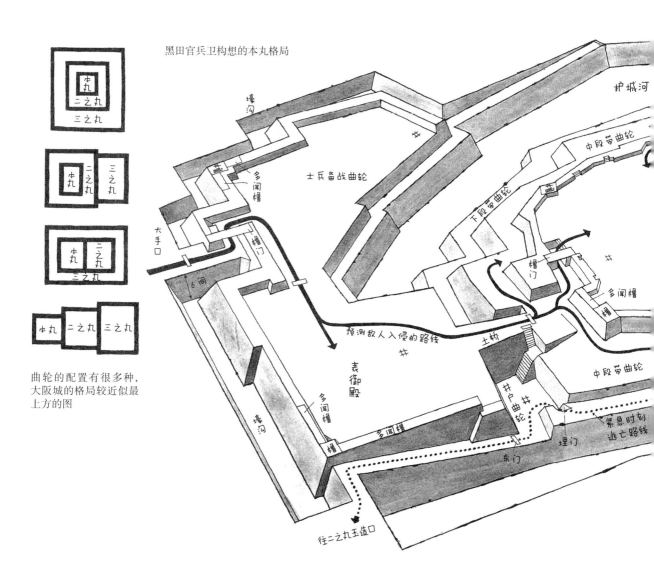

黑田官兵卫构想的本丸格局

曲轮的配置有很多种，大阪城的格局较近似最上方的图

央的奥御殿（内殿）曲轮则近似于圆形。表御殿曲轮的西方是本丸大门（大手口）的所在，在它的内侧有个近似于三角形曲轮的设计，目的是给从大手口出击的士兵留出备战的空间。在它的南边，由于它和周围的二之丸没有高度落差，故以壕沟作为区隔。同时，在本丸筑起一道高二间（约3.9米）的石垣，环绕四周作为围墙。为了有效监视正门与东门的动态，在西南隅和东南隅还分别架起了橹。

在奥御殿的北方有块稍低的平地，那是本愿寺时代即存在的庭园。再往北边的中央，有座木

桥（名为"极乐桥"）可以直通二之丸。黑田官兵卫在这里打造了一座后门（搦手口），并在曲轮西边地势较低的地方安置了一列长屋作为守备兵的休息所以及仓库。

本丸往北一带地势低洼，自本愿寺时代起便开辟为护城河。黑田官兵卫重建的时候将护城河往南方拓宽，左右延长至整个奥御殿曲轮的东西两侧。不过如此一来使得奥御殿曲轮的东西两侧地势落差过大，必须运用带曲轮的设计分三段高度来砌石垣。这种带曲轮的好处在于可以将由南或北入侵、企图攻占奥御殿的敌人引入圈套当中，方便己方由上方曲轮进行攻击，全歼敌方。奥御殿所在的曲轮南北各有一道门，东北方是天守的所在，四个角落各设有橹，防御机制可说是十分完备。本丸的绳张工作最要紧的部分是连接内外两座御殿的土桥，以及位于东侧洼地水井所在处的井户曲轮。东门设在井户曲轮处，从二之丸攻入的敌人下到坡道底部被门所阻，可谓出其不意。即使对方顺利攻破东门进入曲轮，也会遭到来自上方的三面攻击。这块井户曲轮的规模很小，从城内就可以轻易地掌控局面。从这里可以通过石垣内的埋门（上覆土石的隐藏式出入口）通往东边下段的带曲轮。战败逃亡路线则是：北边的庭园（山里）→东边的下段带曲轮→埋门→井户曲轮→东门→二之丸东南方的玉造口。本丸的西北角还设计了可供船只进出的水路，必要时可乘船横渡护城河。

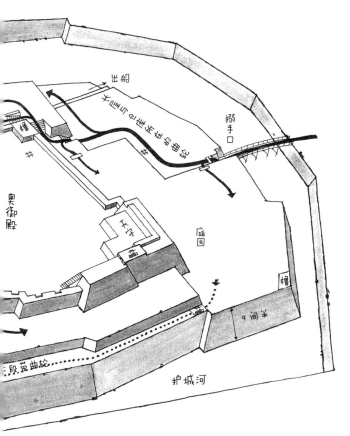

筑城工程正式展开

　　绳张工作完成之后，接下来便是依据绳张方案展开地形整建的工程。根据判断，铲平斜坡和挖掘沟渠的活动主要还是依靠大阪周边的农民。这些奉命荷锄持锹集合而来的民众，以他们平日熟练的动作加快了工程的进度。

　　随着工人在护城河的预定地愈挖愈深，涌出的地下水多少会妨碍工程的进行，不过它很快就被引入城郭东北方的河川。

　　整地的工程结束，便进入砌石垣的步骤。到了这个阶段，丰臣秀吉突然把工程延后，因为他要前往有马进行温泉疗养。自本能寺之变以来，秀吉有一整年都处于紧绷的状态，精神完全无法

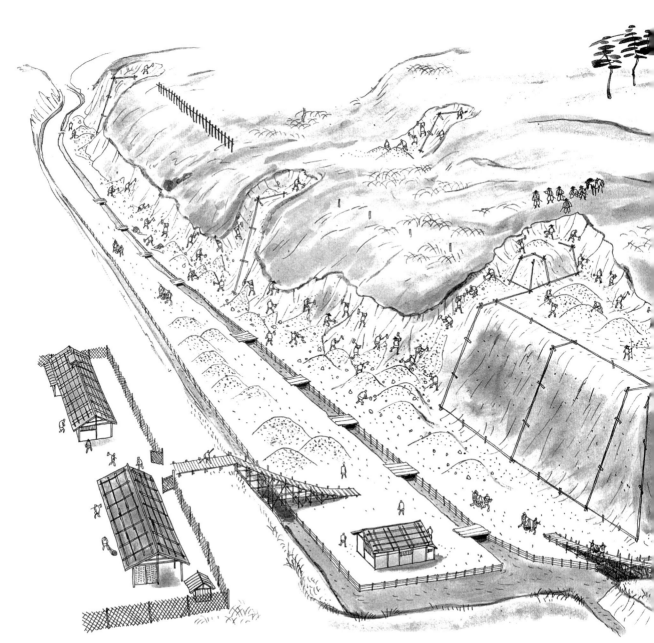

放松。因此，趁着本丸的整地工程告一段落，根据地暂时没有安全上的顾虑，他决定携带家眷赴有马度假，人在姬路城的宁宁和其他妻妾同行。

这个决定让一路跟随着秀吉打天下的众家武士得以借机稍作喘息。

秀吉在有马泡完温泉返回大阪，便命令众大名展开石垣的兴建工程，并于1583年（天正十一年）八月二十八日向众大名旗下的武士和农民颁布了采集石料的规定。其内容如下：

一、采集的石料须统一堆放，由各奉行加以

看守。未按照规定处理者，即使石上注有大名的名号，别人也可以搬运走。

二、采石场距离较远，负责搬运者无论是采取扎营野宿，还是因在大阪有栖身之所而采取通勤的方式，只要不妨碍工作进展，可自行决定。

三、工人从采石场将石料搬运回大阪的路途上，应靠边通行。遇到搬运重石者，搬运石料较轻的一方应让路请对方先行。

四、凡争执闹事者一律施以惩处。若有一方当场隐忍退让，只要将原委禀报丰臣秀吉大人，则仅责罚谩骂者。

五、在上位者若有属下命令百姓行不法之事，应同惩其子息。坐视姑息的主人亦将遭受惩罚。

众大名皆通过普请奉行将以上规定告知所有工程参与者。

此外，众大名各自对筑城工程所需的工具进行盘点，发现有不足之处，便令属下尽快添购补足，以做好一切准备。

*

当时主要的采石场是位于大阪城正东方的生驹山麓（即今日的东大阪市日下町和善根寺町）与大阪城西北方的六甲山麓（即今日的西宫市、芦屋市及神户市御影）。为了避免采石工人给当地居民带来麻烦，城方还特地竖立了布告栏，上面明白写着：

一、凡造成百姓困扰者，一律问斩。

二、不准破坏农田作物。

三、凡负责运石的工人，不准借宿民宅。

违反上列规定者将立即惩处，不予宽贷。

采石作业

九月一日，石垣的建筑工程正式动工。

众大名奉命按照各自俸禄的多寡，以一百石配三名人力的比例投入工程作业，人数总计高达23万。其中，二分之二的人力负责采石工作，剩下的三分之一留在本丸的工地（称为"丁场"）。

这次工程的采石场生驹山麓与六甲山麓，专门出产坚固的花岗岩，非常适合作为石垣的材料。而且，虽说是岩山，实际上它们已经呈现断裂的现象，因此和较高的石墙没两样。只要将石块敲落山谷，再分割成适当大小运出即可。切割石料的工作则由当地的石匠和众大名带来的石匠共同完成。

*

专业的石匠只要稍微端详过岩石，便能得知它的裂痕与纹理走向（相当于木头的木纹）怎样，然后据此判断从何处下手切割最省时省力。

通常，他们会在欲分割的位置将"矢"（铁制楔子）打进石头里，不过在此之前必须先用凿子和锤子凿出一个洞口来，大小比矢的宽幅略窄。石匠把矢打进洞孔时，便可从内部将岩石撑开。万一洞凿得不够深，打进去的矢尚未能将两侧缝壁挤开，便会面临彻底的窘境。洞孔的底部若是不平，会造成石头碎裂得不均匀。

洞孔凿好，把矢插上去后，石匠往往一边吆喝着助威一边挥舞铁锤，一股作气将矢敲进洞里去。

从山上分割出来的石料会被统一运送到山下的集石场，有时直接从山上把石料滚下来，有时会用木板或圆木铺成一条道路慢慢运送下来。

到了集石场，负责管理的人会清点石料的数量，用墨笔在石料上写下大名的名字或画上家徽

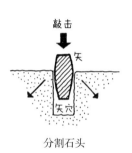

分割石头

等标记，为的是预防在运到城里的过程中有人偷别家的石料充数。因此，必须有人专门负责看守这些石料。后来这种用墨笔标记的方式逐渐改为镂刻（称为"刻印"）。

从生驹山脚下把石头运送到城里的工地，大部分有赖人力，除此之外还有山车（将大树横切成段后做成运输车）、牛车，以及大小型橇板等。至于六甲山麓的石料，不用说，当然是利用船只运送到城北的河岸边。

搬运石头的行列从生驹山的山脚下一直延伸到大阪城，远看就像是一列蚂蚁的部队。从日出到日落，每个工人不断重复着同样的工作。

由于丰臣秀吉严禁作业人员借宿民宅，所有的工人夜晚都必须回到大名为他们设置的宿舍"阵小屋"休息。因此，从集石场到城郭这段距离，搬运石料的工人很可能是以分组接力的方式避免长途跋涉的。

用于大手门石垣的大块石料需要特别多的人力来拉动，这时候沿途会出现许多围观的人，其热闹的景象有如坊间的祭典一般。

虽说此番浩大的工程由众大名共同承担，但真正负责监督工程任务的仍是丰臣秀吉钦点的奉行官。这些奉行平时办公的地方在二之丸东南方玉造口的门外。建在此地的曲轮被称为"算用曲轮"，传说原因就在于此。而秀吉本人对营造工程极为热衷，想必曾亲临现场指挥。

砌石垣

本丸斜面石垣的堆砌工作依区域由各大名来负责，各自应负担的石垣面积按照俸禄来决定。

首先，人们将大块的石料挑出来，统一安放在石垣的最底层作为根石。为了避免根石向前蹿造成整面石墙崩塌，必须事先挖一道沟槽，然后将根石稳稳地放进去。设定为护城河的地方地基较为松软，必须先排上一层防水性较强的松木作为地梁，然后再将根石一块块摆放上去。

他们设计了一套堆砌石料的作业规范，可以计算石垣的坡度，并利用拉水线的方式来检视水平。

根据他们的计划，高度超过六间（约 12 米）的石垣须采用较平缓的坡度；相反地，若是低于六间，则选择较陡的坡度。

堆砌石料的时候要注意将每块石料放在使下方两块石料受力均等的位置，而在石块的内面，下方及与左右紧临的石块之间须填满碎石。不仅如此，在整面石墙的内侧和土壤之间，还须填入厚厚的一层栗石（直径二三十厘米的卵石）。这样才能使内侧土壤的压力平均释放到整座墙面，同时土中的水也容易排出，以减少土压或水压导致部分石块被挤出（戏称为"凸肚"）的危险。

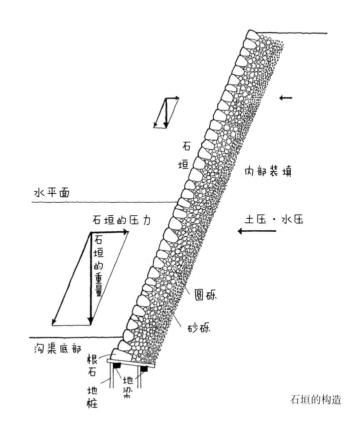

石垣的构造

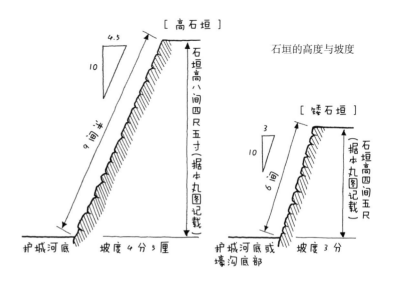

石垣的高度与坡度

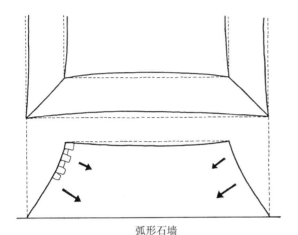

弧形石墙

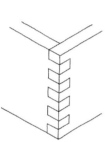

参考：木箱转角的组合方式

石垣转角石块的砌法
（丰臣秀吉时代所用
的石块比较接近天然
石，不似图中所示的
人工石块如此方正）

石垣的转角（德川家康修筑的大阪城）

丰臣秀吉时代的石垣　　德川家康修筑的大阪城

石垣的差异

在稍后的年代，人们为了避免在砌石墙时遇上这种"凸肚"的状况，发明了一种解决方法，那就是让石垣稍微向内弯曲呈弧形（将下方的坡度修得平缓些，越往上坡度越接近标准值）。不过，丰臣秀吉建大阪城的时候，石垣仍是采用直线式。

砌石垣时千万要小心的一点，是衔接两面石垣的转角部分。转角的石块少了来自两边的挤压，很容易崩塌。因此必须采用独特的砌法，即选用体积较大的石块，让两面的石块紧密接合，此处使用的石料须经过石匠的少许加工。另外，堆放时要使角的部分比其他面略高。

当时，以技术指导的身份来指挥石垣工程的进行，并在转角处理等最困难的部分发挥巨大作用的是来自近江的石匠们。

位于坂本附近的穴生（大津市）离石料产地不远，又正好在比叡山延历寺的山脚下，因此吸引了许多石匠到此居住，投入陵墓及佛教五轮塔的兴建工程。当年织田信长决定将京都二条城和安土城打造成石垣城郭时，采用的便是穴生和邻近安土的马渊一带的石匠。当初带头的石匠都因为兴建有功而被信长封为武士。

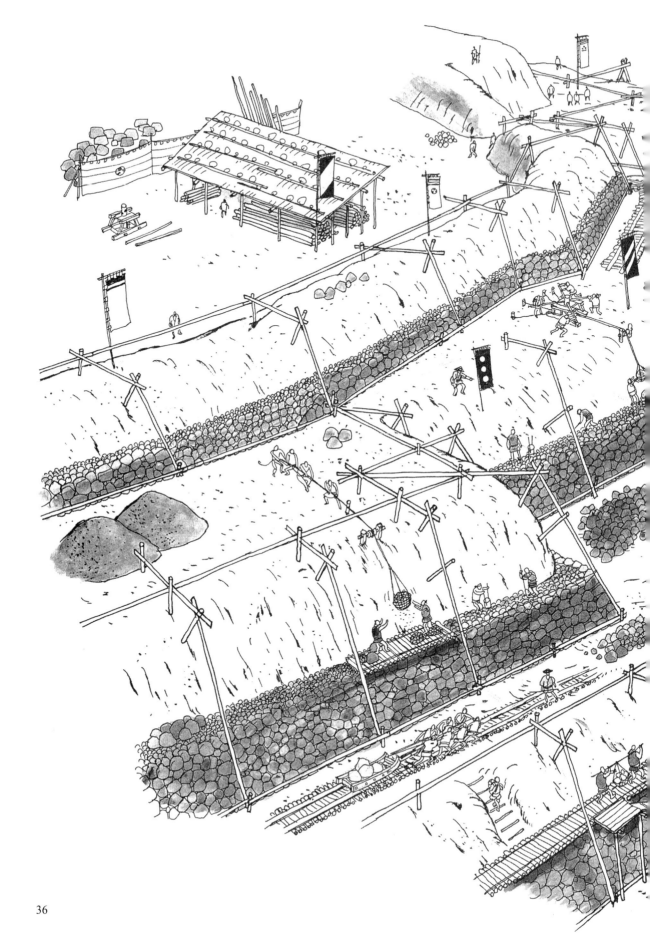

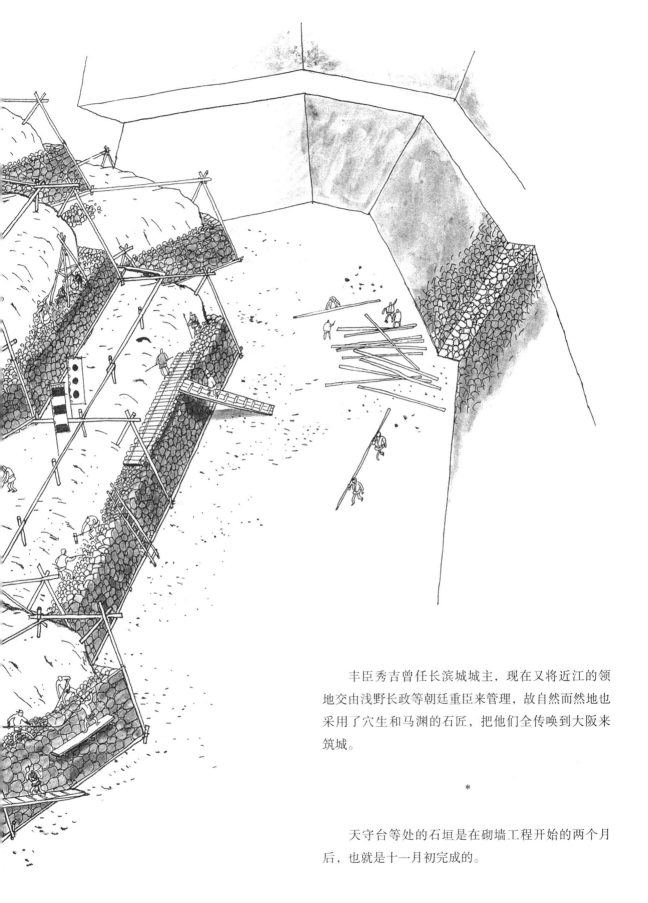

　　丰臣秀吉曾任长滨城城主，现在又将近江的领地交由浅野长政等朝廷重臣来管理，故自然而然地也采用了穴生和马渊的石匠，把他们全传唤到大阪来筑城。

*

　　天守台等处的石垣是在砌墙工程开始的两个月后，也就是十一月初完成的。

中井正吉负责设计超大型的御殿

用来描绘建筑物的形状，并标示各部位的实际尺寸与使用材料的设计图，过去称作"指图"。现在的设计图必须由专门的设计人员（建筑师）来画，但是在过去，日本的住宅及寺院建筑皆有固定的构造，尺寸的选择也有一定的标准，所以木匠只要简单画一张指图，就可以展开营建工程。

而天守这类新式的建筑结构布局必须重新规划，从整体至细部的尺寸都需要调整，因此若非技术和审美都出类拔萃的木匠，是无法做出好的

设计的。

木匠工头中井正吉带领的法隆寺木匠团队中的设计组必须在短时间内完成大批指图。

设计者首先要了解业主心中期望打造怎样的建筑。关于这一点，丰臣秀吉似曾有过如下的指示：

"大阪城的天守可以仿照安土城天主的样式，外观一定要美轮美奂。不过，我不准备住在天守，所以内部不需要装饰。反而是我接见大名用的表御殿和平日起居的奥御殿，必须要比安土城天主

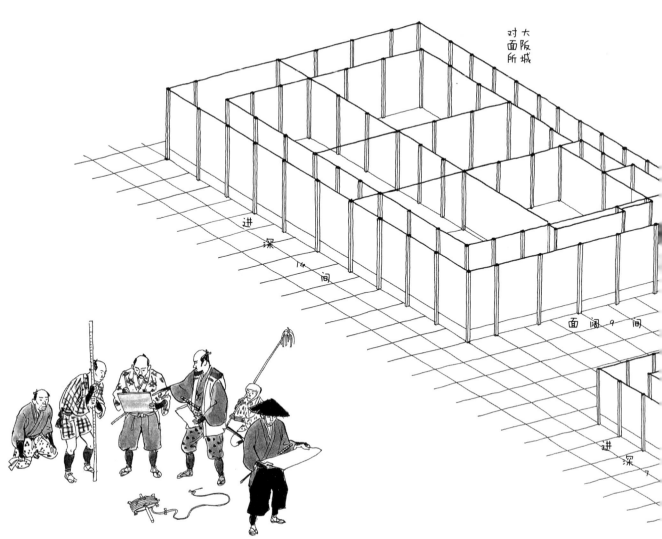

的空间更大，更豪华。"

若问当时哪座御殿最气派，非京都室町将军府莫属了。不过经过一百多年的战乱，将军府的样貌如今已无从得知。唯一可知的是，光是它的中心建筑物，也就是称作"寝殿"或是"会所"的地方，就有七间乘六间（约14米×12米）共四十二坪大。于是，中井正吉向丰臣秀吉和奉行询问御殿的用途后，确定了建筑物的基本格局，巧妙安排了它们彼此的联系与配置，设计出史上未曾有过的表御殿与奥御殿，打破了传统的"寝殿"与"会所"的设计形式。

日本的住宅建筑对柱间（柱子的间距）有一定的规定，必须用方格纸来绘制平面图。

平安时代朝臣公卿住宅里的寝殿使用粗大的圆柱，柱间为十尺（约3米）。到了室町时代，将军府改用五寸（约15厘米）宽的方柱来支撑，柱间缩短到七尺（约2.1米）。应仁之乱发生时，将军足利义政兴建的东山殿（其遗迹即现在的银阁寺）的柱间又缩短到六尺五寸（约1.97米）。差不多就在此时，整个房间都铺设榻榻米的做法

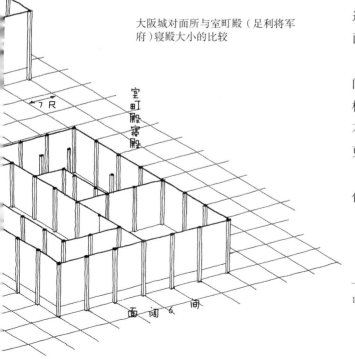

大阪城对面所与室町殿（足利将军府）寝殿大小的比较

开始普及，町屋也出现八叠榻榻米大小的厅房，这使六尺五寸的柱间距成为通用的规格。现在的柱间一间为六尺，约为1.8米，这个数字源自江户时代关东地区的柱间计算单位。而以六尺五寸为一间者称为"京间"，以六尺为一间者称作"田舍间"[1]。

不过，因为天皇御所的建筑依然维持着七尺为一间的传统，织田信长打造安土城的天主时也以七尺为一间来设计。随后的丰臣秀吉同样指示木匠团队把大阪城的天守及御殿设为七尺一间。

日本宅院自平安时代起便以边长六十间（约120米）为最高的规格。其中设有庭园和主要的建筑物，再利用回廊将它们串联起来。若将大阪城表御殿与奥御殿的用地合起来，面积可达五千四百坪（约2.1万平方米），远远超过以往边长六十间（三千六百坪）的规模。不过，由于御殿中必要的设施实在不少，相较之下，这样的坪数还不算太夸张。若仅将表御殿和奥御殿的建筑面积合起来计算，则约有一千七百坪（约6500平方米）。

中心建筑物更是前所未有地大，尤其是位于表御殿接见臣下的会客厅"对面所"，进深达十四间（约29米），面阔有九间（约19米），面积足足是将军府寝殿的三倍。

以将军府为代表的日本中世住宅，最大的房间也不过九间，也就是边长三间（九坪、十八叠榻榻米）。而丰臣秀吉的对面所设计得极为宽敞，不仅柱间加宽，房间的有效面积更大，天花板也更高。

当然，木匠的设计不仅限于天守和御殿，还包括橹、城门、仓库及长屋等。

---

1 "京"为京都，"田舍"则指乡下。

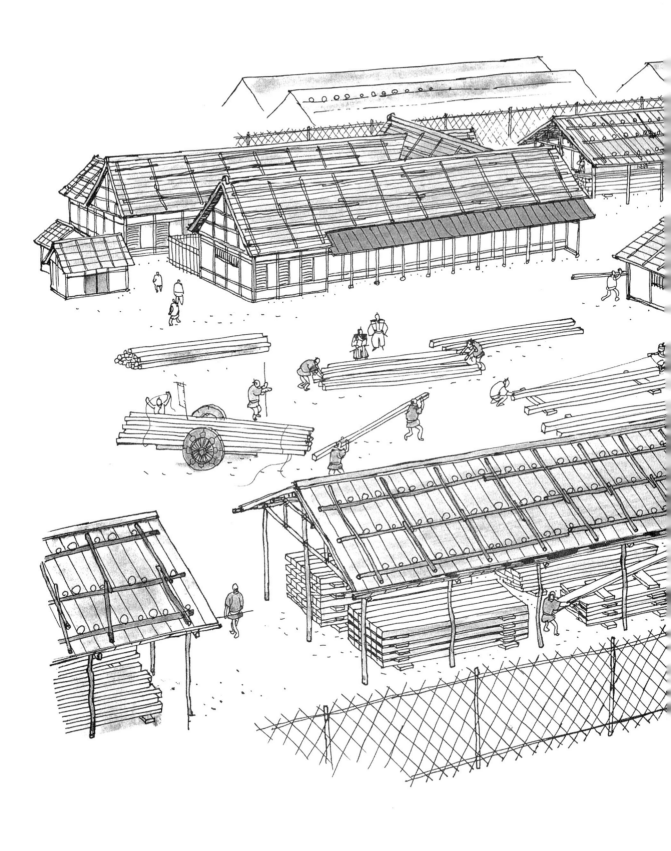

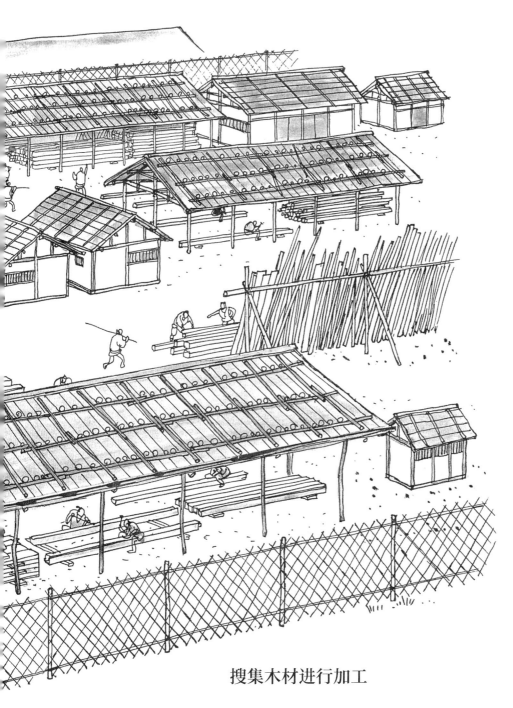

搜集木材进行加工

　　设计图经丰臣秀吉核可后，木匠团队便开始根据设计图的规划，将所需木料的直径、长度、数量等数据做成一览表。

　　御殿部分，目光所及之处如柱子必须选用没有树节的桧木来制作，因为自古以来日本贵族的宅邸都是用桧木。梁一类的部位则使用松木。而天守、橹、围墙这些地方使用的木材无须特别讲求木纹的美观，只要用枞木、日本铁杉木、松木等制作即可。需要特别注意的是，天守

凿子

卡榫

楔子

大锯

的柱径有的在一尺（约30厘米）以上，而梁木也是接近二尺之巨材。

　　奉行会根据这张材料表搜集木材。由于用来盖房子的木料必须彻底干燥，工人刚砍下来的树木是无法直接拿来使用的。于是，丰臣秀吉叫停了大和的木材买卖，买下所有上好的木料，除此之外，还分别从近江、伊贺（三重县）、摄津、丹波（兵库县、京都府）等地购入木料。

　　丰臣秀吉不仅向木材商购买，有时还会派樵夫前往大型神社和寺院的林场直接砍伐所需的木材。这些刚砍下来的木头属于生木（未干燥的木料），多半用在围墙这类无关紧要的地方。至于

运送的过程，是靠船只或木筏顺着木津川、淀川及大和川载运到大阪的。

　　木材加工的作业场地，应该是设在离本丸工地不远的地方，很有可能是在二之丸的范围之内。

　　木匠团队的任务是分组进行的，每个人负责的区块分配好之后，便各自投入不同的作业场。一个作业场包括堆放木料的地方、木工作业的窝棚、大锯窝棚及奉行监督的小屋。

　　木工在作业场进行的工作是将原始的木料裁成柱子或木板。过去的工作方式是用凿子在大型木料上凿一个洞，把楔子敲进去，即可完成分

枪刨

台刨

割。但自从室町时代从中国引进了一种名为"大锯"的纵拉式锯子之后，日本木匠纷纷放弃传统做法而开始使用大锯。特别是制作平面板材的时候，这种大锯可说帮木匠节省了不少力气。

木工领班按照图面指示给裁好的木料打上墨线之后，木工便沿着墨线或切或削或制作榫头，完成各部位构件的制作。

以往木工利用枪刨来刨平木料表面，直到与大锯同时从中国传入的台刨投入使用。不过中国的台刨是平推式的，到了日本，演变成平拉式。有了台刨的辅助，每个构件都可以制作得更精密而完美。

在各作业场完成的木材构件最终会运送到工地现场组装。不过在此之前，为了避免将各部位构件混淆，会用墨笔在表面标上符号，这个步骤称为"番付"。

奉行每天都要用账簿记录每位木工和大锯工人的出勤状况，以便据此计算他们的工资并支付款项。日本的农民有进年贡的义务，而木工或其他工匠则每年必须奉献一个月左右的时间，以较低的津贴为领主工作。如超出规定时限，则超出部分以正常的日薪来计算。

兴建御殿

工人在御殿的施工地准备整体结构的组合工作（称为"建方"），包括建立作业规范，在按照水线摆设好的础石上用墨笔标示柱心（柱子的中心）。

各木工小组分别将制作好的梁柱运抵现场，然后按照各自分派的责任区，从主要的建筑物开始进行组装，立柱、搭桁、架梁。为了抗震，柱子和柱子之间得用贯[1]来固定。当主要建筑物的结构完成之后，他们开始组装与之相连的小型建筑。由于每个构件的尺寸都经过精密的测量和制作，使用的位置也都有番付清楚的标示，组装工程进行得既正确又快速。

其组装速度之快令亲眼目睹的外国传教士啧啧称奇。他们寄回祖国的书信当中曾提及："那建筑物简直就像突然出现在眼前一样。"

梁柱的组装完成后，紧接着便进入架设屋顶的工程。毕竟总不能放任组装好的木头经历长时间的风吹雨淋吧？首先，人们在梁上整齐地竖起一排短柱（束），再让贯木穿过固定，然后用木钉将椽条（垂木）牢牢地钉上去。如此一来，便将屋顶各部位的构件整合为一体。

御殿的屋顶采用的是葺木板。像膳房之类的地方则可能采用葺瓦。另外，通往表御殿的唐门及玄关处的唐破风，屋顶葺的是桧木皮。

古代日本住宅屋顶最高级的是葺桧木皮，那是只有上层贵族（公家）才拥有的特权。做法是将桧木树皮切成45至60厘米的长度，从屋顶最下面开始一片一片错开着葺上去，然后用热油炒过的竹钉来固定。

后来丰臣秀吉在京都盖了一座聚乐第，其中的御殿采用的也是桧木皮葺的屋顶，那是因为

聚乐第是丰臣秀吉作为"关白"（公家）的宅邸。大阪城是身为武家首领的丰臣秀吉的城郭，因此御殿的屋顶葺的是木板。自古日本武士的住宅都采用木板屋顶，这几乎成了不成文的规定。

葺木板的屋顶从简单到高级有很多不同的样式。大阪城御殿的屋顶应为"栩葺式"或"柿葺式"。"栩葺式"采用厚度在1厘米以上、长约60厘米的厚板（栩板）来铺设，并用竹钉边葺边固定。而"柿葺式"采用的是厚度约3毫米的薄板（柿板）。这些板材是由花柏木这类木纹单纯清晰、防水性强的木材做成的。

屋顶一完工，大伙儿的心情暂时得以舒畅。接下来他们便得花一点时间将地板和天花板做起来，安装门槛（敷居）及门楣（鸭居），以便嵌入门窗等。这个阶段的工作称为"造作"[2]。这个工序要求精致美观，因此需要专职于此的资深木匠来负责。

以上步骤完成之后，便是安装隔间用的拉门、隔扇和榻榻米的时候了。同样，这些也都由专业的匠人来制作。

建筑物外侧的配备标准的组合为：数不清的横条木、两片坚固的木板门和一片半透光的纸拉门。这里所用的木板门称作"舞良户"，它主要的功能是防风、防雨、防盗。白天只要把舞良户敞开，即使里面的半透明拉门是紧闭的，一样可以透进光线。

用来区分宽廊与室内的是半截式的腰板纸门。这种拉门的上半段为纸糊式，可透光，下半段类似舞良户，使用木板来加以遮蔽。

一般来说，像"对面所"或"远侍"这样的大型设施，外侧通常会使用木板门作为雨户

1　贯：日本古代建筑中，穿过柱子的中心，架在柱子之间的横木。——编者注
2　造作：指室内装修。

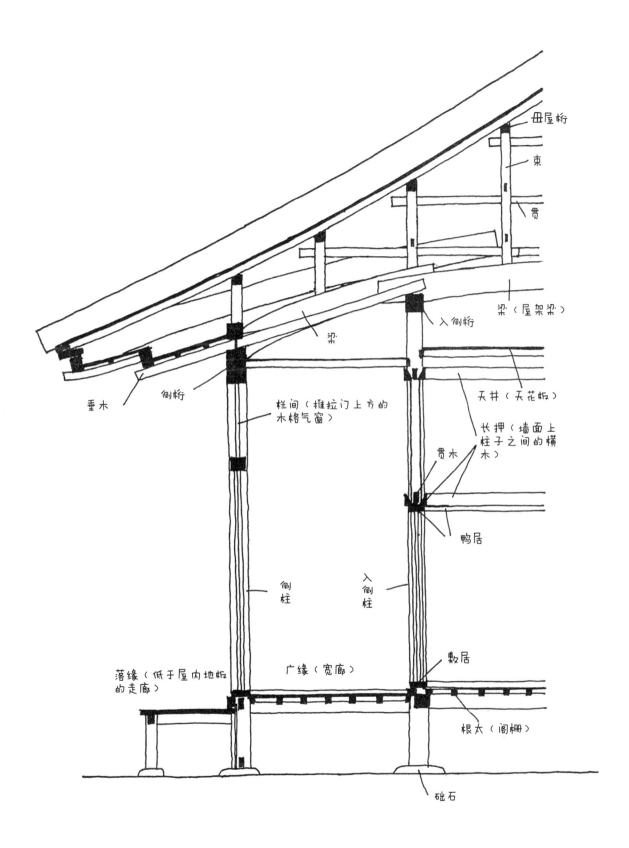

母屋桁

束

贯

梁（屋架梁）

入侧桁

天井（天花板）

长押（墙面上柱子之间的横木）

贯木

鸭居

梁

侧桁

垂木

栏间（推拉门上方的木格气窗）

侧柱

入侧柱

落缘（低于屋内地板的走廊）

广缘（宽廊）

敷居

根太（阁栅）

础石

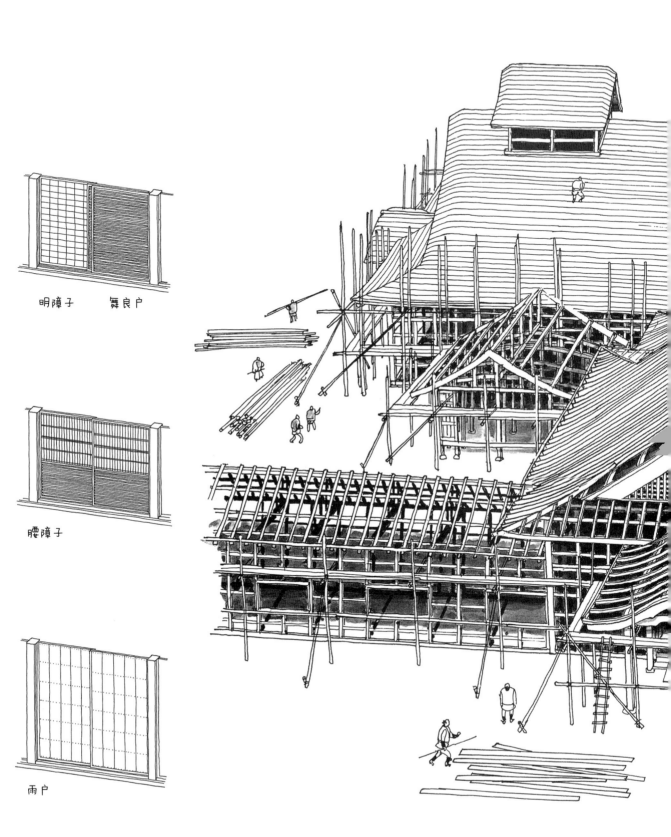

明障子　舞良户

腰障子

雨户

（防雨门），因为这种木板门即使面积大重量也
会较轻，在大阪城之前不久的一些御殿中开始使
用，此后慢慢普及开来。

我们今天使用的雨户大多以一整排的形式直
接安装在柱子外侧的门槛上。这种样式是从江户
时代才开始流行的。

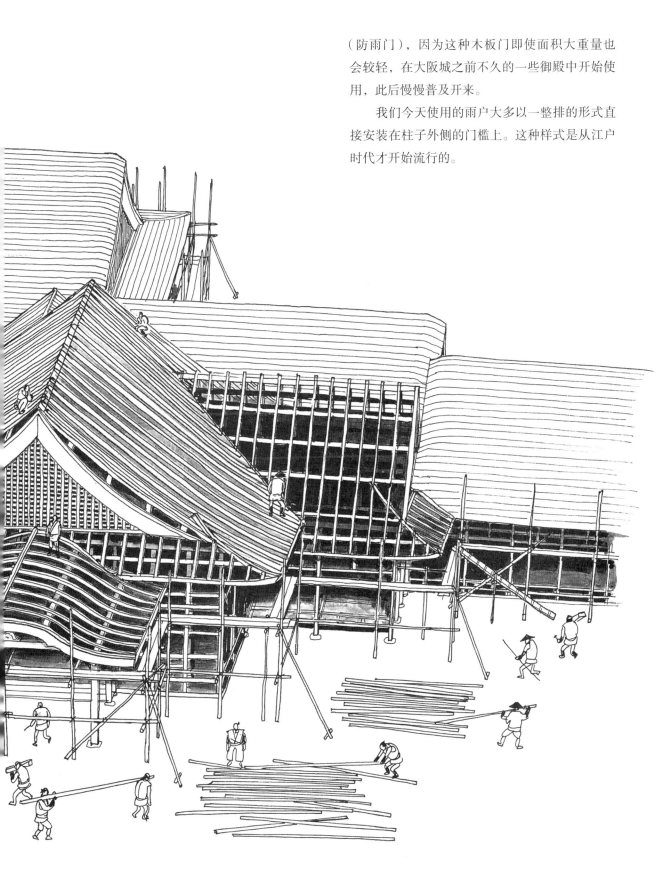

兴建天守　之一

织田信长的安土城天主把用来彰显城主权威的橹改造成中国宫殿风格的形态。信长为何会这样做，秀吉无从得知。不过它华丽的外形确实很适合表现城主的财富与权势，因此秀吉乐于沿用这一样式来建筑大阪城。

根据秀吉的想法，天守应该是城内被敌人攻

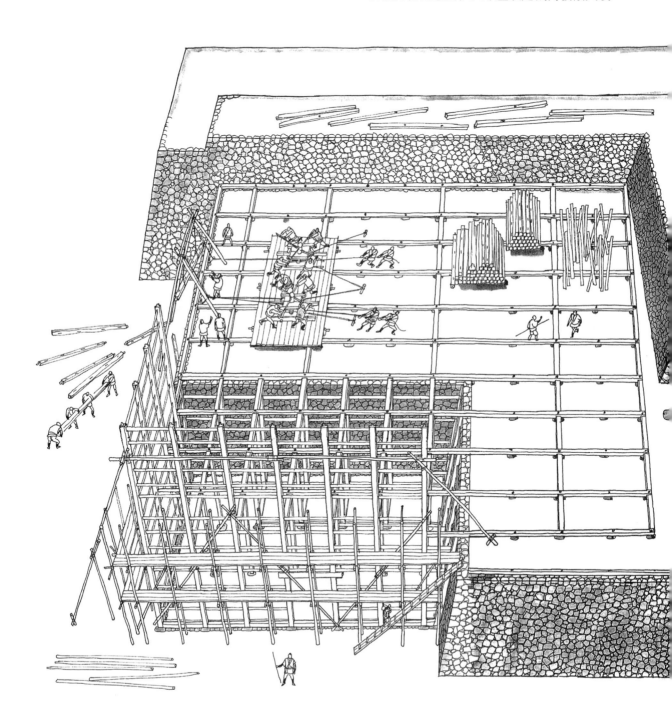

破时最后的据守地，因此在东南角建造了橹，卫兵可从这里对四周发动攻击，也可以从橹直接到达天守内部（北侧），监视本丸北部的一切动静。

天守台并非架设在自然的地形上，而是在本丸的地表用石头堆积做成的。它的石垣内部实际

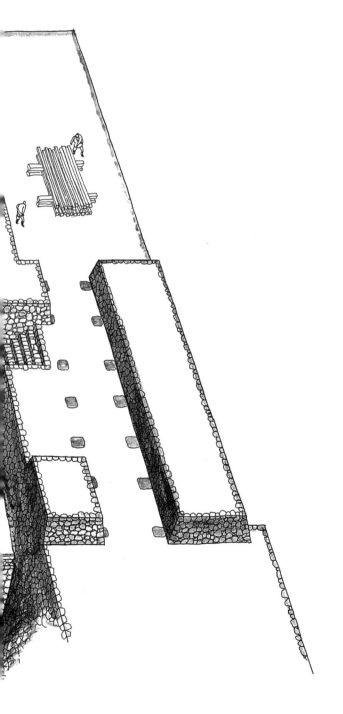

是在地下一层，唯独西南角是在地下二层，因此没有石垣。于是地下二层成了从奥御殿登上天守的入口。

地下二层的建筑是先在地面设础石，然后在上面立柱子；而地下一层是以较粗的木方为土台，再于其上立柱。

这种将柱子立在土台上的做法，最初应是建石垣旁边的多闻橹时在无法安放础石的石垣一侧使用的技术。而建筑整体使用土台的做法，正是以大阪城为开端的。安土城的天主台利用的是天然地形，所以它的柱子是立在地下一层的础石上。而大阪城的天守台是人工建造的，因此土台是必要的，它有助于将上面楼层的重量平均分配到整座天守台。自此之后，凡建天守，架设土台成为常规做法。

大阪城天守一层的平面面积，除东南角的橹以外为东西十二间（约25.2米）、南北十一间（约23.1米）。大小正好和安土城一样。

若是每层楼都分别立柱，地震的时候上下楼层会有错位的风险，很不安全。因此需要使用贯穿各楼层的"通柱"。如地下楼层西南部外侧的柱子，一根就有三高。今日我们住的二层楼式房屋，用的也是这种通柱。

柱子上方架设桁，桁与桁之间的空间以梁撑起。

直径在一尺（约30厘米）以上的梁柱，要使用绞盘吊上去。

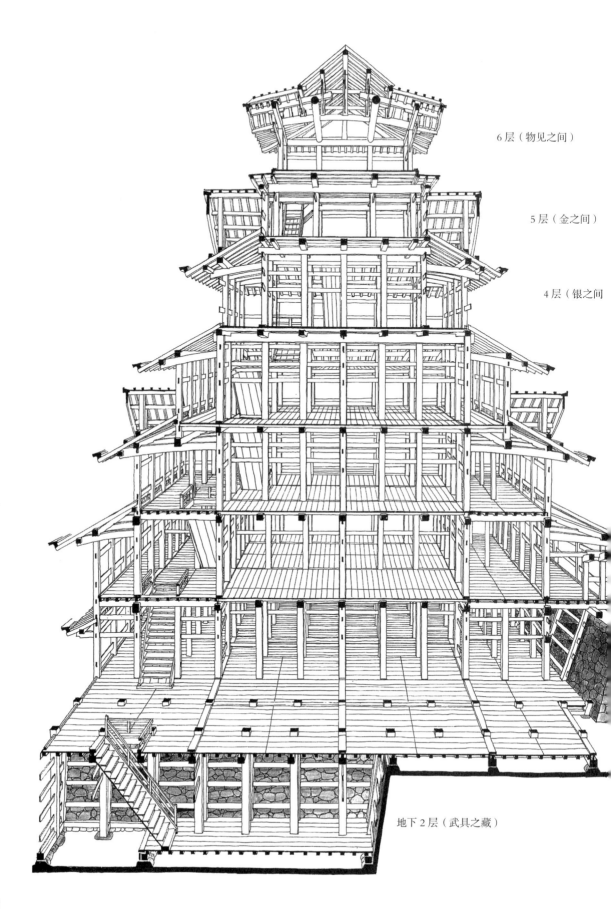

6层（物见之间）

5层（金之间）

4层（银之间

地下 2 层（武具之藏）

50

3层（宝物之间）

2层（小袖之间）

1层（小袖之间）

地下1层（武具之藏）

兴建天守　之二

天守的一层、二层和三层由通柱连为一体，这部分的上方是巨大的屋顶。屋顶处的四层，立柱与下层并不相通，而是和五层、六层由通柱连为一体。

换句话说，整栋天守的构造实际上可分为三段，即地下部分、一层至三层部分，和四层至六层部分。

为了有效预防风灾及地震给天守带来横向晃动的危险，柱子之间以贯相连，并使用长押加以稳固。另外，搭建在各楼层外侧柱子上的梁呈些微向上的倾斜角度，对于内侧柱子可以发挥辅助支撑的作用。各楼层户外屋檐下的垂木，除了有一定角度的倾斜之外，上方还用钉子牢牢地固定住，对整栋建筑物来说，一样具有巩固的效果。

像大阪城天守这样平面面积接近正方形，整体结构又近似塔状的建筑，照理说应该采用佛教五重塔那种四方对称的构造，才能有效避免歪曲，但这一点对天守而言偏偏又是不可行的。于是，人们只好让屋外的梁尽可能朝向四方，或是让东西向与南北向的梁在数量与配置上取得平衡，以降低风险。

天守的屋瓦与墙壁

　　天守的顶层完工后，工匠便由上而下一层层修葺屋瓦。

　　首先在垂木上面钉上屋顶板，上方再铺上薄板，并钉上防止木板翘起的挂瓦条（瓦栈）。接着铺上一层土，将瓦片排放上去。

　　日本战国时代的城郭其实没有使用瓦片的习惯。织田信长的安土城也只有天主部分才铺瓦片，

装饰屋顶的瓦

轩丸瓦

轩平瓦

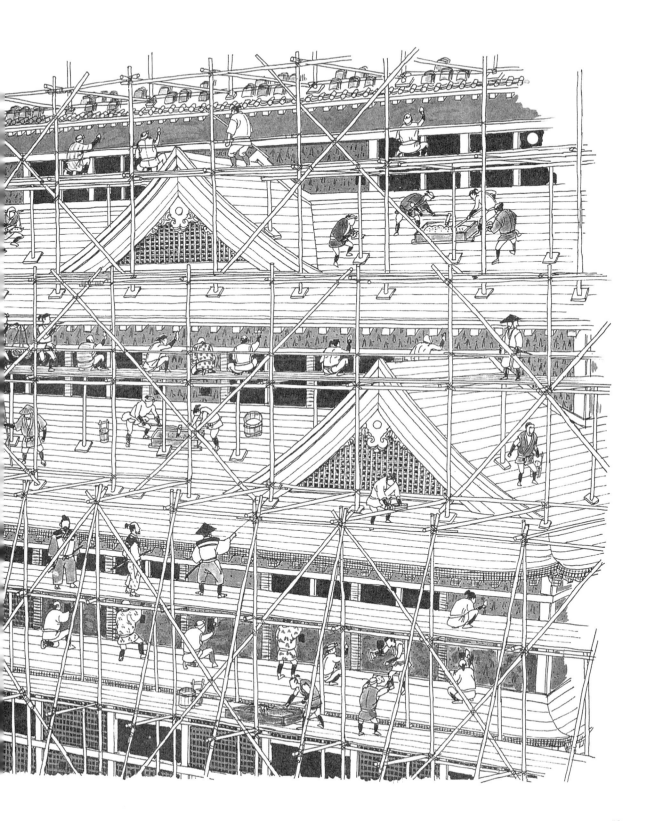

53

其他建筑物是严禁使用的。但是大阪城连橹和围墙也铺上了瓦片。

安土城天主屋檐最前端的瓦片（轩瓦）使用的是金色。这种瓦片是在筒瓦（丸瓦）与板瓦（平瓦）的正面凹陷处涂漆，上面再均匀地覆上一层金箔制成的。

大阪城使用的金瓦与安土城的略有不同，它是在整片轩瓦的正面都压上一层金箔。

葺瓦的工程告一段落后，紧接着登场的是泥水工程。只有在屋瓦的重量压上来，整体结构上的木材都紧密接合后，才能进行墁墙的步骤。不过在此之前要先用成捆的小木条或竹子做泥墙的木骨。

首先，将一团团的墙泥填在木骨上，从室内的一侧开始铺第一层底，这道工序不必由专业的泥水匠左官来完成。接下来便由左官开始铺第二层墙泥，以及室外一侧的第三层墙泥。最后，两侧都刷上石灰（漆喰），一切便大功告成。天守的外墙采用灰浆包柱的手法，称为"大壁"；屋内采用露柱式的"真壁"。有些墙壁的厚度甚至接近一尺（约30厘米），就连子弹也无法贯穿。

漆喰自古便是富贵人家修饰墙壁的专利。做法是将贝壳烧成的石灰与沙子混合，加入糯糊和麻刀（日文作"苆"），用水调成泥状涂在墙面上。所谓的麻刀，主要指碎麻絮和纸张的纤维。城郭的雪白墙面，便是受到纸的影响。由于古时候的糯糊都是用米做成的，漆喰价格昂贵，是非常奢侈的做法。后来改用海藻，价格就便宜多了，渐渐在城郭兴建中广泛使用。

不过由于墙面防水性不佳，所以在墙腰的位置通常会贴上木板（日文称为"下见板"）。做法是由下而上将接近2厘米厚的木板一片一片稍微错开地水平贴在墙面上（日文称为"铠下见"）。在需要耗时费力将木材切开、慢慢刨成板

的年代，木板的价格居高不下，直到大锯普及之后木板才开始量产。因此下见板成为装潢的新趋势。更何况这种木板护墙能有效保护土墙，不会轻易被枪弹击垮。

大阪城天守的下见板一律被涂上黑漆，一来是防腐，二来兼具色彩美化效果。在此之前，真正的黑漆仅见于安土城天主的装潢，一般住宅用的是墨。

关原一役之后，日本的城郭建筑多半抛弃了使用下见板的做法，整个墙面都用漆喰粉刷。当时采用的是一种来自南洋的漆喰技术，也就是在传统涂料中加入油，防水效果特佳。

于是当时的城郭就连屋檐下的垂木和柱子也全用漆喰，也就是在绑绳索的细木头上进行批土与粉刷。至于屋檐的内侧，也改铺用绳捆扎的小木条，取代传统的屋顶板，以避免铺设时损伤垂木，造成批土或漆喰剥落。

大阪城天守所用的漆喰应该是一种混合了墨的深灰色漆喰。不清楚这种漆喰是否还用在城内的其他地方，可以确定的是，这种深灰色的漆喰到了江户时代已使用在仓库及町屋上。

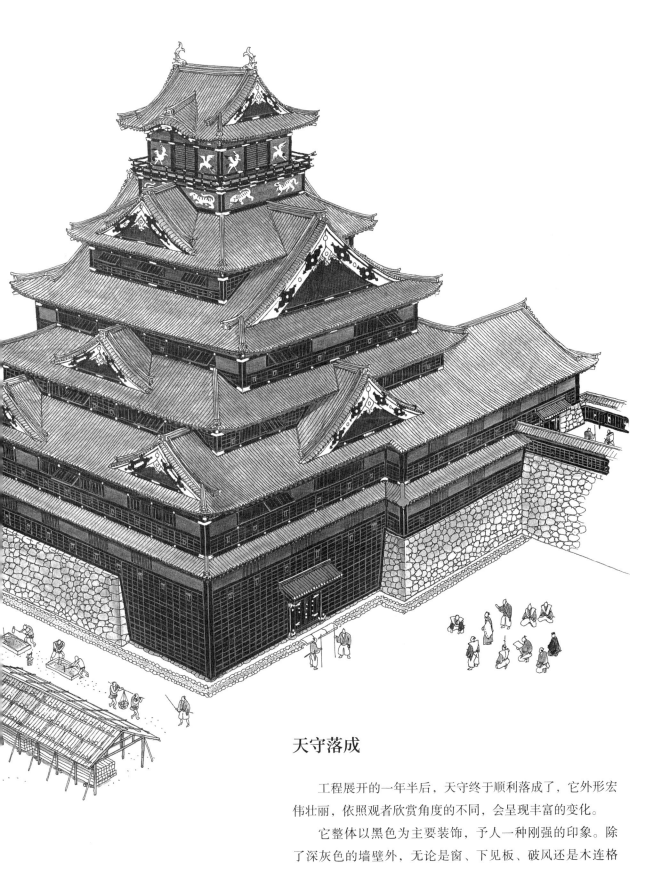

天守落成

　　工程展开的一年半后，天守终于顺利落成了，它外形宏伟壮丽，依照观者欣赏角度的不同，会呈现丰富的变化。

　　它整体以黑色为主要装饰，予人一种刚强的印象。除了深灰色的墙壁外，无论是窗、下见板、破风还是木连格子[1]，一律都漆上黑色。在这些构件之上，处处装点着金碧辉煌的五金件。黑底配上金色的纹样，正是日本漆器上流行的"莳绘"[2]风格。

至于屋瓦，则呈现深灰带青的色彩，正好可以衬托金色的轩瓦。顶楼的屋顶上方架设了一对金鯱；漆黑的墙壁上描绘着金鹤，小壁[3]上还有些精致的雕刻。而在檐廊与高栏下方五层的外墙，出现猛虎的浮雕，以贴金箔为装饰手法。

搭建在屋檐上方、呈小小三角形的屋顶叫作"千鸟破风"，主要起装饰作用。至于出现在顶楼屋顶的东、西向方位的弧形屋檐，则称作"唐破风"。借由屋顶形成壮丽的外观，应该是受到中国中世建筑的影响。

鯱，同样源于中国中世的建筑装饰，它是与禅宗寺院的建筑形式同时传入日本的。一般认为，这些中国的建筑元素出现在日本城郭的设计中，始于织田信长兴建的天主。

除了上述特征外，织田信长的安土城天主尚有其他的中国元素，到了丰臣秀吉打造大阪城天守时，这些元素有一部分已经转化成为日式风格。因为织田信长受过中世上流教育，对中国文化产生孺慕之情，可说是再自然不过的事。但丰臣秀吉没有受过类似的教育，而且负责兴建大阪城的法隆寺木匠团队更是和禅宗建筑扯不上关系。

天守的窗户使用长条状的直棂，外面还加装了一道外推式的木板窗作为雨户。这类窗户又名"蔀"，自古流传到江户时代，被用于商铺，是日本民间普遍采用的建筑形式。

在天守御殿尚未完工之前，防御所需的橹、多闻橹、围墙、门等建筑必须早一步先行完工。

1　破风：相当于中国建筑中的山面，即由两边屋顶夹成的三角形部分及其墙面。木连格子：破风上常见的装饰，用细木条结成棋盘格状，贴在木板的外侧。——编者注
2　莳绘：泥金画。
3　小壁：位于门楣上方或是通风口侧边的窄壁。

櫓

櫓（矢仓）

本丸南方的东南角和西南角，以及本丸中央的东南、西南及西北角，均设有二层楼式的櫓，就连位于腹地东北角的天守也附设了櫓。在这当中，西北角的櫓又称作"月见櫓"，规模很大，设计与一般的櫓略有不同，可以说是一座带有宫殿风格的豪华型的櫓。

设置在本丸北方东北角的櫓则有"菱櫓"之称。顾名思义，这座櫓从平面看像个菱形。櫓通常会搭配石垣一起兴建，因此未必能维持传统的矩形平面，可能出现倾斜的形态。

二层的櫓是平常卫兵站岗的地方，存放着一些武器，以备战时作为防御据点。这里设置了矢狭间（射箭的孔）、铁炮狭间（开枪的射击孔）和直棂的窗户（也称作"狭间"），还有一种称为"落石"的投石口，方便士兵直接朝櫓的正下方进行攻击。

这类型的櫓，可说是日本战国时代城郭那种临时搭建的櫓和井楼演变为正式建筑的一种里程碑。

多闻橹（多门）

环绕表御殿东侧高一间五尺（约 3.4 米）的石垣上设有长屋式的橹，称为"多门"或"多闻橹"。这种长屋式的橹首见于大和战国大名松永久秀盖的多闻城，因此后人直接以其城郭名称来称呼它。

根据考证，这种橹是由战国时代城郭中供士兵休息的简陋长屋涂上漆喰改建为正式的建筑，设在石垣的一端，可以同时发挥橹的攻击作用。

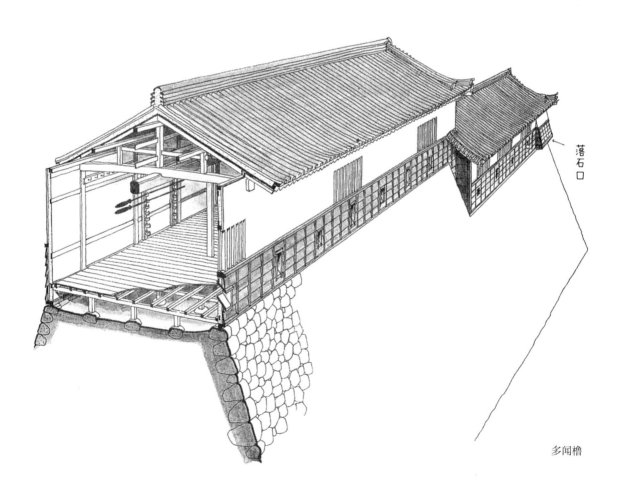

落石口

多闻橹

围　墙

　　战国时代城郭的围墙，直接在土垒上立柱竖墙即可。到了兴建大阪城的时候，土垒已为石垣取代，因此围墙的柱子是立在石垣顶的木梁之上。这样的围墙很容易倒，因此在墙面内侧必须再用直接立柱的方式设置几根支柱，用贯木来连接围墙上的柱子，使之成为一个牢固的整体。

　　一旦发生战争，只要利用这些支柱和贯木架设临时的橹，可在围墙上方开枪、射箭。

　　围墙是土墙，就连屋檐内侧的木头也用一层土封了起来。而围墙下方土造的表面上贴有木板。和天守不同的是，城郭的围墙涂的是墨而非黑漆。这样不仅可以让墙面更禁得起风吹雨打，还能防止土墙在枪林弹雨中倾颓。围墙的上端和屋檐内侧涂上了白色的漆喰。此处之所以不贴木板，为的是避免墙面在战火中起火燃烧。

　　这种白漆喰的壁面加上黑色木板的组合不只出现在围墙上，城内大小建筑物上几乎都看得到它的踪影，统一了大阪城的整体外观。

　　此外，围墙上还凿有专供射箭用的矢狭间与开枪用的铁炮狭间。

　　城郭围墙的屋顶是用瓦葺的。檐端则与天守同样使用贴金箔的瓦片来铺设。

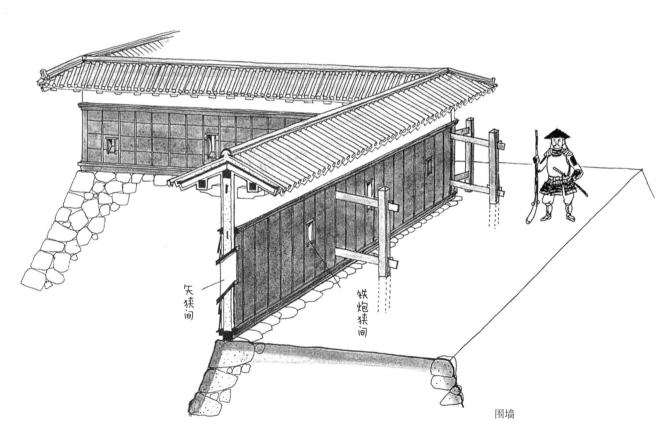

矢狭间

铁炮狭间

围墙

建设城下町

    丰臣秀吉入主大阪之后，在即刻展开筑城工事的同时，还着手大规模建设城下町。

    在兵荒马乱的日本战国时代，凡是大名居城的附近，必定会发展出城下町（根小屋），作为当地的经济中心。到了织田信长时代，他在安土更积极地投入当地的建设工作，着力发展工商业。因为他深刻了解，想要打败邻国的大名，自己的领国必定要有富强的基础。同时还要有掌握物资流通能力的商人，以及负责打造武器的手工制造业者的帮助，始能完成大业。此外，为了避免遭敌人小觑，必须将城下町打造得繁荣昌盛，以彰显己方的实力。

    后来，丰臣秀吉仿照织田信长的作风，把大阪打造成日本首屈一指的城下町。原本城西自石山本愿寺时代便有寺内町发展起来，城南一里（约4公里）处的四天王寺的门前也本就有相当规模的街市。秀吉将这些零星的繁荣点整合起来，力图使大阪成为一个大型的城市。为了说服商人移居大阪，秀吉颁布了免地租与税金的优惠措施。

    对于基督教的传教士，秀吉大方赐与城市北端天满桥边的土地，供他们兴建教堂。进行工地测量时，秀吉还亲自到场监督。

    另外，秀吉还帮助四天王寺重建已遭祝融烧毁的太子堂，强制原本住在平野之町（位于天王寺东南方约2公里处）的居民集体迁居到天王寺一带，以带动该地区的发展。至于平野之町，其繁荣的景象足可媲美堺，原来周边设有壕沟为保护，此时也都被填平了。

    对于大名及手下的部将，秀吉分别赐与离城不远的土地，供他们兴建自己的宅邸。有些大名甚至获封领地，这也算补贴他们参与建城的付出。例如黑田官兵卫，受赐北边的天满河岸，这

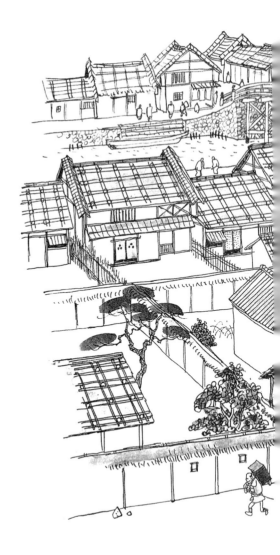

里对于城郭的防御非常重要。郡山城主筒井顺庆得到城郭以西、位于船场的一片建筑用地。毛利氏的府邸本就在西边海岸附近的木津。至于细川氏、前田氏等诸位大名，以及直属秀吉指挥的武士团，他们的宅邸和住家均坐落在城郭和天王寺之间的玉造一带。按照秀吉的想法，大阪的南方台地绵延，遭到敌人攻击的机率最大，因此他刻意把大名府及武士的居所安排在这里，为的是将其房舍外环绕的坚固耐摧的"筑地塀"（厚实的夯土墙）当作城郭的第一道防御阵线。就连带有筑地塀和墓地的寺院，也基于同样的目的集中兴建在此。

    诸如此般，将城郭的防御摆在第一位，据此

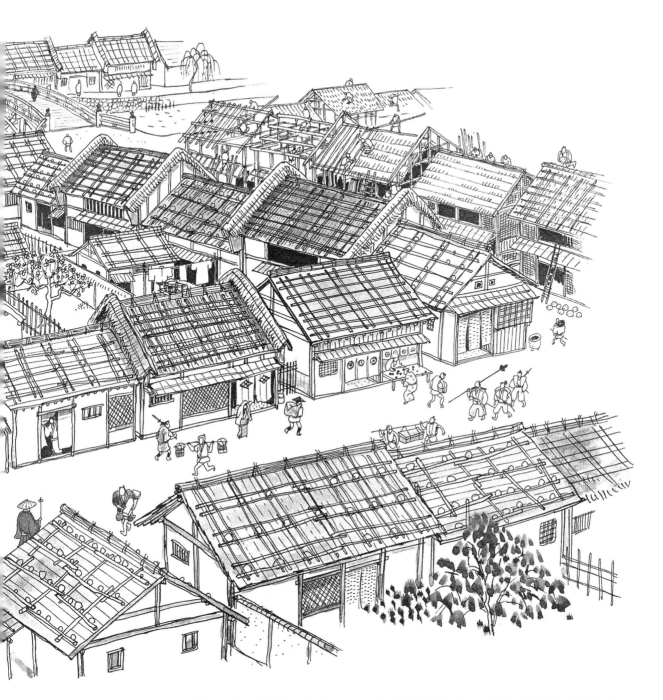

规划哪里该是武士宅邸所在，哪里该是商人住的地方，哪里适合手工制造业者居住，寺院又该设在何处等，这是日本城下町的最大特色。

抵达大阪之初，众大名及武士不是寄宿在町屋、佛寺，便是把家乡的建筑迁移到此地来居住，每天往返城郭投入筑城工程。一直到半年后，各大名的宅邸才纷纷完成。

在町屋建设方面，工程小组的动作也算十分迅速。短短四十天的时间，已盖好了 2 500 户。丰臣秀吉入主大阪还不到半年的时间，1583 年（天正十一年）的年底，大阪城下町与天王寺的聚落正式合为一个整体。参与城郭与城下町建设工程的人达 20 000 人以上，最多时曾高达 50 000 人。

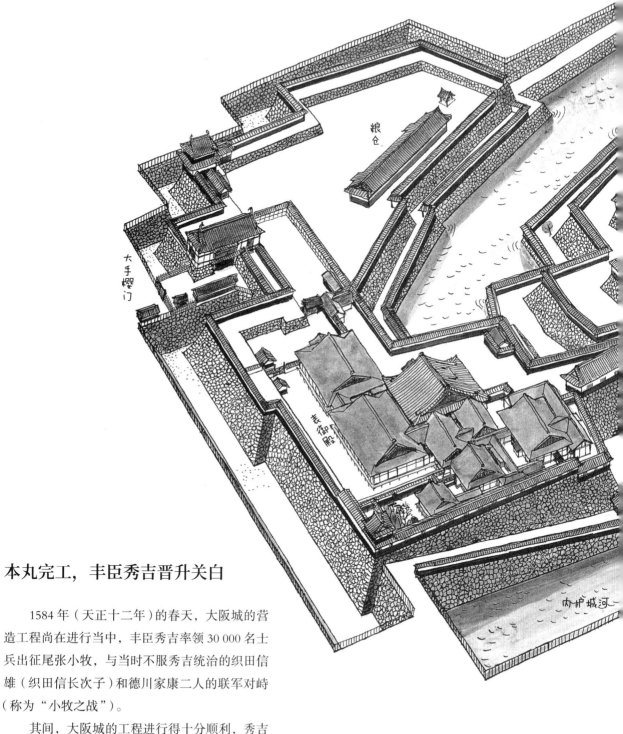

粮仓

大手樱门

表御殿

内护城河

本丸完工，丰臣秀吉晋升关白

1584 年（天正十二年）的春天，大阪城的营造工程尚在进行当中，丰臣秀吉率领 30 000 名士兵出征尾张小牧，与当时不服秀吉统治的织田信雄（织田信长次子）和德川家康二人的联军对峙（称为"小牧之战"）。

其间，大阪城的工程进行得十分顺利，秀吉曾经中途返回大阪，只为主持八月八日新御殿落成的迁居仪式。到了年底，秀吉与织田信雄方面

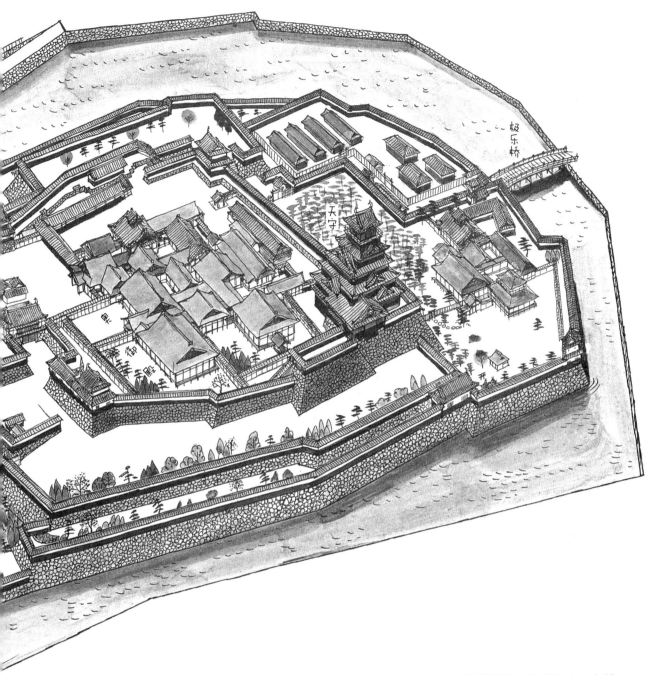

达成和平协议。

　　翌年年初，大阪城天守、御殿、本丸和二之丸围墙的打造，都已完成得差不多了。于是，在大阪城正式动工的一年半以后，战事及城郭的建筑工程均告一段落，秀吉在新年时带着妻子宁宁共赴有马温泉度假。

　　待他从有马整顿身心返回大阪，战争再度爆发。三月，他带兵出征纪州，目的是击败先前在小牧之战中一度于战况最炽烈时随敌军攻入大阪的杂贺一揆。六月，他派遣弟弟丰臣秀长与毛利氏等的多支军队，出面去收服统霸四国的长宗我部氏。

　　紧接着七月秀吉正式被册封为"关白"。所谓"关白"，乃辅佐天皇统领政治的最高官职。朝廷发布此政令相当于承认了秀吉成为天下共主的事实。

大手樱门

丰臣秀吉受到朝廷册封之后，那些受封领地
"安堵"（"堵"即围墙，此处指领主的土地所有
权获得认可）的大名，以及朝臣公卿、僧侣、神
社主祭，甚至豪商巨贾、基督教传教士等人纷纷
前来祝贺。待本丸的工程一结束，秀吉便改在御
殿正式接见宾客，并于会谈后亲自带领宾客参观
御殿与天守。当时得见城郭内部陈设的人无不对
这空前的拥有宽广城壕、高耸石垣以及黄金缀饰
的壮丽建筑惊叹不已。

*

通常拜访本丸的人都从正门（大手门）"樱
门"进入。樱门前的二之丸不仅设有马场，还栽
种着成排的樱树。来访的宾客必须先行至樱门前
一栋有"腰挂"[1]之称的建筑物稍坐一会儿，"番
所"（岗哨）的士兵会向里头呈报访者的来意，城
主应许后谒见者才得以进入。在此之前，宾客得
耐心在腰挂等候一阵子。

大手樱门是整座城郭守备上最重要的一座
门，因此它不仅有沟渠、石垣和围墙层层掩护，
更由内外两道门组合而成，这使道路变得有如迷
宫般曲折，敌人很难直接破门而入。

两道门中偏外侧的一道门采用的是"钉贯
门"的形式，也就是直接在地面立柱，埋柱到地
下，两根柱子之间在上方以贯相系。这种做法的
好处是，门比较不容易被敌人推倒。而在门的两
侧另有栅栏环绕着。

内侧的门位于两道石垣之间。壮硕的柱头上
的门扉，表面装饰着带状的铁板，一一用钉子固
定，可说兼具美观与补强的双重效用。门的上方
架设橹，里面有卫兵监视着外界的动静。一旦敌

---

1 腰挂：原意凳子，指临时小坐之处。

64

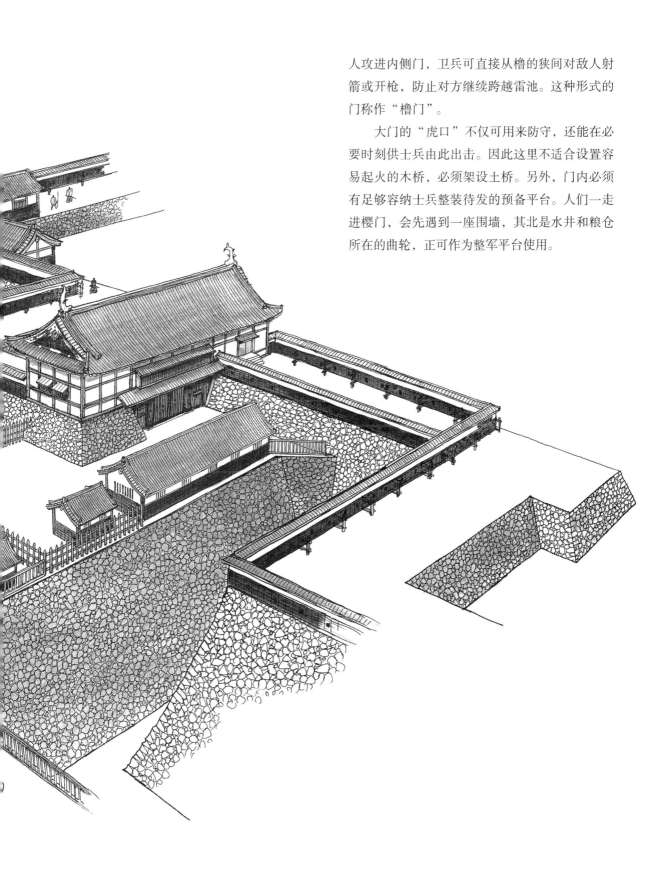

人攻进内侧门，卫兵可直接从橹的狭间对敌人射箭或开枪，防止对方继续跨越雷池。这种形式的门称作"橹门"。

　　大门的"虎口"不仅可用来防守，还能在必要时刻供士兵由此出击。因此这里不适合设置容易起火的木桥，必须架设土桥。另外，门内必须有足够容纳士兵整装待发的预备平台。人们一走进樱门，会先遇到一座围墙，其北是水井和粮仓所在的曲轮，正可作为整军平台使用。

表御殿

进入樱门之后，往东走即来到表御殿。

大阪城既是天下共主丰臣秀吉的住所，也是丰臣政权的行政官厅，表御殿便相当于行政官厅的中枢。秀吉经常在此正式会见宣誓效忠于他的诸大名，或者对众大名发布政令，或是和麾下重臣共商国家大计。

前来大阪城参见秀吉的大名，通常都由通往表御殿的两道门当中南侧的正门进入。这道门采用唐门的形式，和室町时代将军府的正门没什么两样。

来访者会先从屋顶装饰着唐破风的玄关处进入，来到"远侍"，在这间七十二叠榻榻米的宽敞房间里稍作等待。其间，访客带来赠给秀吉和夫人北政所宁宁的礼品将由下人送往御殿。这间远侍的壁龛上，装饰着一张虎皮。

接着，访客会被带至"对面所"，与秀吉正式会面。秀吉与臣子的会谈可说是当时最重要的一种政治仪式，因此可以说对面所是表御殿最重要的建筑。

结束会谈之后，秀吉会带领客人再往御殿深处走，亲自为对方导览其他的建筑物。

"料理之间"，根据考证，这里应该是秀吉与人会餐的房间。

"黑书院"的"黑"字意指黑木。黑木原本指的是圆木去皮前的原始状态，在此是形容表面涂上"弁柄"（来自荷兰语"bengala"，一种红棕色颜料，主要成分为氧化铁）或煤而变成黑色的建筑（即所谓"数寄屋造"）。在黑书院里，装饰用的搁板上摆放着一些"唐物"（中国传来的昂贵茶具及笔、砚等文房四宝）。

一般认为史上著名的装饰着黄金茶具的"黄金茶室"，就在黑书院的附近。黄金茶室是丰臣秀吉升任关白时命人建造的三叠榻榻米大小的组装式房间，其中柱子、墙壁、天花板等木制部分表面都包覆着一层金箔。

"御书院"，是一间设有付书院[1]的八叠榻榻米大的房间，也是丰臣秀吉处理政务的地方。

---

1 付书院：书院是日本建筑形式"书院造"中的一种室内装饰，通常在房间的一角隔出一块地面高出一段的空间，称为"床之间"，并在其间摆放书案，或在墙面上搭设搁板，装饰花瓶、挂轴等。书院外壁与房间墙面齐平的称为"平书院"，向走廊凸出的称为"付书院"或"出书院"。——编者注

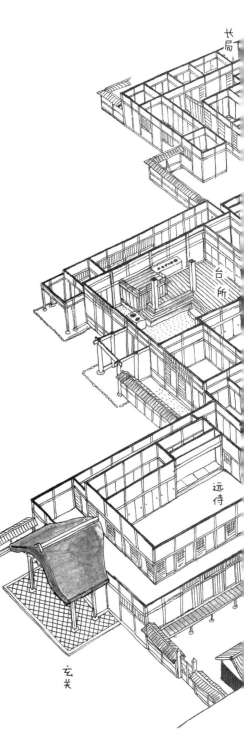

北

长局

台所

远侍

玄关

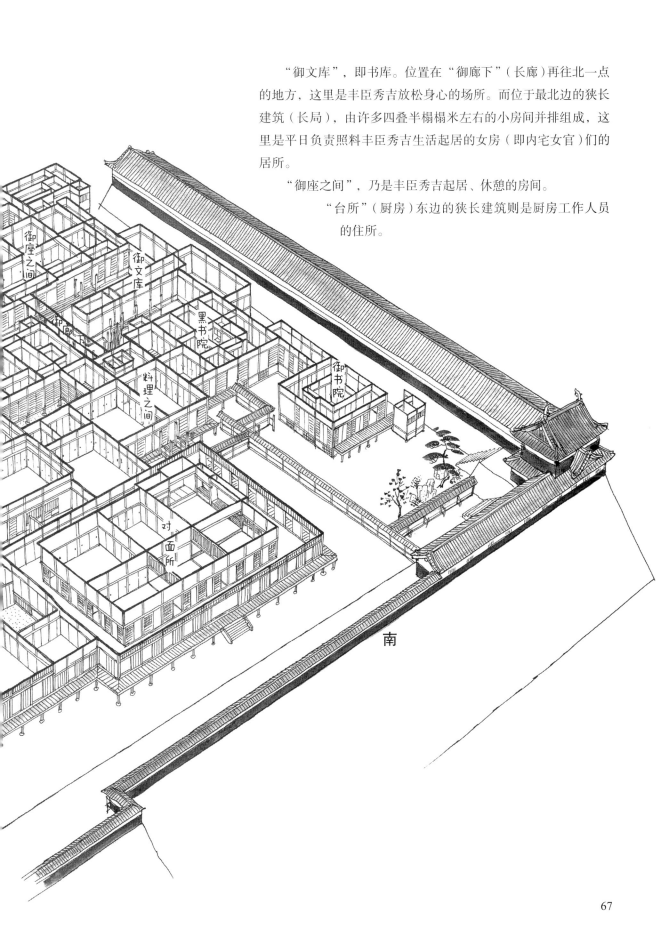

"御文库",即书库。位置在"御廊下"(长廊)再往北一点的地方,这里是丰臣秀吉放松身心的场所。而位于最北边的狭长建筑(长局),由许多四叠半榻榻米左右的小房间并排组成,这里是平日负责照料丰臣秀吉生活起居的女房(即内宅女官)们的居所。

"御座之间",乃是丰臣秀吉起居、休憩的房间。

"台所"(厨房)东边的狭长建筑则是厨房工作人员的住所。

御座之间

御文库

御廊下

黑书院

料理之间

御书院

对面所

南

对面所

丰臣秀吉会见宾客时使用的是将对面所南侧三个房间的拉门拆除合并而成的面阔三间、进深十一间的大型厅堂。

身为御殿主人的秀吉与客人会面的时候通常背对着房间里侧而坐；身为客人的大名，座位背对着庭院的方向。另外，秀吉坐在位于东边的房间，大名应隔着门槛坐在"次之间"（中央的房间）。至于列席的秀吉家臣，则是按照地位的高低，由近而远分列在秀吉的两侧。跟随大名前来的家臣统一坐在第三个房间（西边的房间）的门边，此处的座次按照各大名在丰臣政权中的地位来安排。对面所的进深如此之长，就是为了强调来者的席次顺位。

相对于下座的西边房间，东边的上座房间显得豪华许多。靠西边的两个房间天花板采用的是格天井的形式（由木头组成格子状），而东边的房间采用的是更为繁复细致的折上格天井。

厅堂内的墙壁和隔扇拉门除了贴上金箔外，上面还绘有色彩鲜丽的画作。绘画的主题也因上下座而略有不同：东边房间画的是松，西边房间画的是花鸟。

位于对面所东北方的房间的装潢就更高级了。不仅地板比整个厅堂高一阶（这种做法称为"上段"），房间的四周还有押板[1]、违棚[2]、帐台构[3]、床[4]等。秀吉平日不会使用这个房间，主要是为了迎接天皇准备的"行幸之间"。通常秀吉结束与大名的会谈之后，会顺道带他们到此参观。

1 押板：壁龛的一种形式，摆在墙面书画下，用来搁装饰品的板子或台面。
2 违棚：摆设小件装饰品的交错搁板架。
3 帐台构：卧室入口的四大扇华丽拉门，其下门槛抬高，上门楣放低。
4 床：此处指床之间。

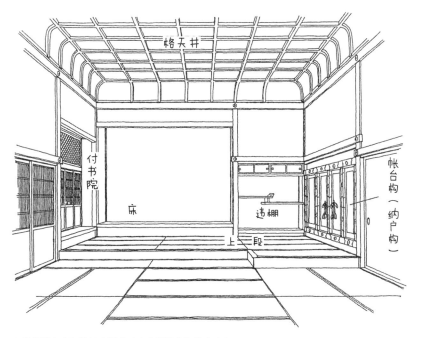

上段榻榻米房间的标准样式（比大阪城的年代略晚）

东边房间与内部上段之间的分界，实际上应有纸拉门作为隔屏，但图上并未描绘出来

台　所

　　除了正式访客以外，一般人要进入表御殿，走的并非唐门，而是经由唐门北方的另一道门，来到有唐破风屋顶的台所（厨房）入口，由此进入。

　　台所的规模之大，可比拟对面所和远侍。不过，它的建筑方式和另外两者大有不同。台所的内部有着大片的"土间"和"板之间"[1]，里面矗立着几根大柱，大柱的上方有用木锛粗劈而成、外形弯曲且直径粗大的横梁，以纵横交错的方式撑起房架。除了座敷以外，其他部分都没有设天花板，站在下方抬头一望，可以透过梁柱看到屋顶下方的内部构造，可谓一目了然。照明方面有大型的纸灯笼悬挂在横梁的下方。

　　土间设有大型炉灶，专供平日烧开水、煮饭用。为了有效排出烟雾和水蒸气，不仅外墙部分采用成排的格子窗，屋顶上也特别装设了排烟屋顶[2]。高耸的屋顶使得台所远观仍是一栋外表显眼的建筑物。

　　台所不仅是制作料理、预备膳食的地方，它还是表御殿日常生活的重心。台所的特殊机能，无论是在贵族的宅邸、神社、寺院还是武士的住家都是一样的，相当于农家的土间和"围炉里之间"[3]。

1　日本传统建筑的地面主要分为与地平面等高的石灰地"土间"、高于地平面的木板地"板之间"和在木板地的基础上铺设榻榻米的"座敷"三种。——编者注
2　排烟屋顶：日文作"煙出し屋根"，即在屋顶上的排烟口处再建一座小型屋顶。——编者注
3　围炉里之间：日文作"囲炉裏の間"，指挖有地炉的房间，不但可以烧水、煮饭、取暖，还可以在此处围坐休息，闲话家常。——编者注

天守

在表御殿与丰臣秀吉会面之后，来访者通常会被带到天守参观。往天守的通道后来逐渐改成从奥御殿的后方进入。

天守那扇钉着铁板的坚固大门从里面打开后，秀吉会先行引导，身边有十二三岁的少女手持他的太刀随侍在侧。

客人一离开奥御殿的范围，便来到被石垣包围的天守台的地下二层，再往上一层楼，同样被石垣包得密不透风，这些地下楼层全当作武器库使用。

位于石垣上方的一层和二层，各配置了十多个杉木制的长方形橱柜，用来收藏衣物。通常参观的一行人抵达二楼之后，会在房间里喝杯茶稍作休息，顺便走到宽廊从四面的窗户眺望一下外面的景色，然后再继续往上参观。天守的楼梯都很陡，遇到房梁快碰到头的情况，秀吉会出声提醒。

天守的三层称作"锦藏"或"宝物藏"。这里放置着五六个长条箱，里面收藏的是"黄金茶室"的各个部件。这里还有储藏钱财的金库。四层是专门收藏白银的库房，五层（外墙有金色老虎装饰）收藏的则是黄金。

至于武器，金银宝库所在的四层和五层各备有两把长柄大刀。往下的一二三层，则各备有六支洋枪。另外，在一层到四层的部分，每层楼均悬挂着四到五件红色合羽[1]。

当宾客抵达最高层六层（若包含石垣内的地下楼层，总共八层），大家会围绕着丰臣秀吉坐

1　合羽：即西洋服装中的斗篷，最早由葡萄牙、西班牙等地传入日本，被织田信长、丰臣秀吉等当权者当作权力与财富的象征。——编者注

下来，再次享受品茗的乐趣。然后共同步出房间来到走廊上，一边聆听秀吉的讲解，一边饱览四方优美的景色。

天守这座塔耸立在大阪平原的中央。若从城北的淀川或是东边低湿地的角度看，它的高度甚至可达 70 米，周围没有任何障碍物。倘若顺着淀川往上游浏览，可从山崎、伏见一路看到京都。天守的东边是一大片平地，在平地的尽头有着山峦起伏的生驹山岳；往南可远眺纪州山脉；西边由近而远可看到兵库的六甲山、大阪湾以及对岸的淡路岛。

往下一看，大阪城的格局与地方景致更是一览无遗。

从各地来访的大名经过详尽的导览之后，一定会对天守的精雕细琢与内部收藏的金银财宝惊叹不已，更会为在天守台上所见的动人美景而内心澎湃。同时，他们还会感慨于秀吉如此大方地公开城郭的真实面貌，慑服于他展露的自信。

奥御殿

奥御殿是丰臣秀吉与妻子北政所的居处。奥御殿里没有如表御殿那么多超大型的空间。

在这里工作的女性相当多，包括贴身服侍二人生活起居并负责传话、接待客人的侍女和"小姓"[1]，以及在台所负责料理三餐的"女中"等。尽管奥御殿也会出现僧侣或是扮相有如僧侣的茶头（专门服务大名的茶道专家），但基本上一般男性不得住宿在奥御殿，甚至在台所吃饭都不行。

要进入奥御殿的曲轮，可走南方和西北方的入口。位于南方的橹门有"铁御门"之称，每天早上8点固定开门，傍晚6点钟关闭。另一道位于西北方的门，由于进出的女中必须出示通行证（"切手"；即"票"、"券"之意）始能放行，故称作"切手门"。在奥御殿的曲轮担任门口的岗哨或巡守的卫兵全是位阶较高的武士。

从铁御门进入奥御殿的范围后，若要往女中集中工作的台所方向走，势必得经过远侍西侧一整排长屋前的长屋门。

来访参观天守的宾客也是由此进出。参观之后，他们会来到远侍，在"广间"稍事休息。这时候，秀吉会体谅来者舟车劳顿，命下人立刻送上一杯茶。

广间是铺着木地板、南侧附设有宽廊的房间。根据考证，广间应该是秀吉平日举办宴会之所，室内或房间南面的庭院临时搭建的舞台上不时会有能剧上演以娱乐来宾。

对面所最东边的房间，是相当于秀吉宝座之厅的上段厅，秀吉经常在此与人进行私人会面。

位于对面所北方的"御殿""御纳户"和"小书院"，尽属于秀吉和北政所的起居间兼寝宫。其中附设有"雪隐"（厕所）和"风吕屋"（浴室）。

"烧火之间"，是一间设有地炉的房间，专供秀吉和北政所在此与亲友闲话家常或轻松用餐。它与南侧的广间之间由一条"御廊下"连通。

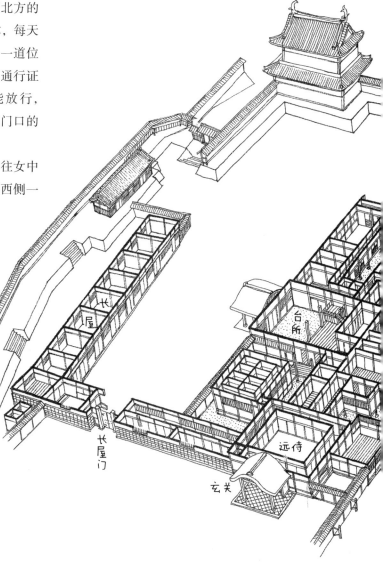

---

1 小姓：幕府与诸藩中武士职卫的一种，相当于主君的近侍或扈从，多由未成年男性出任。——编者注

烧火之间往北紧接着是"御物土藏"。这里是大量收藏秀吉和北政所私人物品的大型仓库。

位于烧火之间西侧的"御上台所",是女主人北政所指挥女中为秀吉料理佳肴、准备御膳的地方。

台所是通往占了奥御殿北半边内宅空间的入口,也是女中做饭和吃饭的地方。位于台所北方的建筑物是在台所工作的女中晚上睡觉的地方。

位于台所南边和东边的建筑物据判断应为镇日服侍在秀吉身旁的小姓、和尚、右笔(书记)等人住的地方。

面对着台所前方庭园的长屋是囤放味噌和薪柴的仓库,同时也是杂役工人的住所。

至于位在奥御殿最北边、有岗哨卫兵加以看守的"御土藏",则是收纳金银财宝的库房。

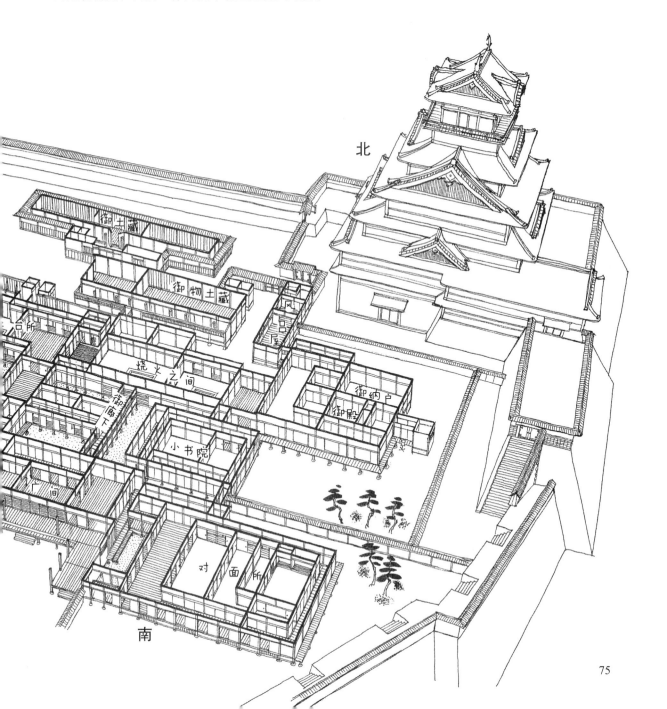

小书院

宾客一行人参观天守完毕，来到广间稍作休息时，丰臣秀吉总会热情地表示："我带你们去我的寝殿看一下吧！"然后便将众人带往里面的小书院。

小书院由两间房组成，大小分别是九间（九坪，铺设十八叠榻榻米）和六间（六坪，铺设十二叠榻榻米）。南北方向各有一道宽廊，西边

隔着一条厢廊，有个房间专供随从在此等候。

其中九间大的是秀吉的卧室。房间里摆放着一架西式的床，尺寸为长七尺（约2.1米）、宽四尺（约1.2米）、高一尺五寸（约45厘米），床头有金色的浮雕装饰，床上铺的是有"猩猩绯"之称的纯红羊毛毯。床的南边摆着一座上黑漆、以黄金打造金属构件的笈（游方僧所背的

装佛具、衣物等的带腿方箱）。笈上方的长押上
挂着一把长柄大刀。另外，室内少不了摆饰品专
用的违棚，其特殊之处在于使用的材质是金梨地
（在黑漆的表面洒上一层金粉），上面的金属构件
依然是由黄金打造，闪耀夺目。

　　另一个六间大小的房间是北政所的卧室。里
面摆放着同一式的床，上面铺的层层寝具是以中
国唐朝的丝织品制作的。另外，还有几件精致的

小袖和服挂在房间里。

　　不过，真正引发众人惊叹的还要数装饰在这
两个房间里的茶罐。当时装有茶叶的茶罐可说是
最贵重的珍品。而秀吉的寝宫有五只名贵的茶罐，
个个都装在附有鲜红细绳的金线织花锦缎袋里。
通常秀吉会命令千利休等茶头将袋子里的珍贵茶
罐一个个拿出来供客人欣赏，也因此赢得众宾客
的一致感叹。

御殿与御纳户

丰臣秀吉对外公开的还不仅止于此，他甚至把客人带到奥御殿最深处的建筑，也就是秀吉夫妇真正就寝和起居的地方。这栋建筑的东北方有一间二十四叠榻榻米的封闭房间，称为"御纳户"。所谓的"纳户"，就是寝室的意思。同时，它也是收藏重要物品的地方。以大阪城的奥御殿来说，由于它另外备有一间摆设着西式床具的卧室，因此纳户应该只有在气候寒冷的季节才真正发挥寝室的功能，另外主要作为更衣室使用。据初夏时曾入内参观的大友宗麟表示，他亲眼见到纳户里挂着形形色色、琳琅满目的小袖和服，那些都是北政所平日穿着的衣裳。另外，黑漆长柜的上方还摆放着一沓丰臣秀吉的小袖和服。除此之外，金子（钱）更是多到数不清。可怕的是丰臣秀吉还向大家补充说明："你们看到的只是零头而已！"

位于纳户南方的十叠榻榻米房间相当于秀吉夫妇的起居室。它可说是这栋建筑物的主要房间，室内摆设少不了壁龛、违棚等，它与纳户组成的空间叫作"纳户构"（或称为"帐台构"）。

北

人及宗麟曾经在这里接受点心和茶水的招待，秀吉将自己珍藏的一把短刀赐给他，对此他内心无比感激。捧着秀吉的太刀侍立一旁的女子与负责送茶水的侍女，都是穿着美丽和服的十二三岁少女。另外，配间里也有二位北政所的侍女正交谈着。

位于西侧宽廊靠北边的房间，是平时小姓待命的地方。

这栋建筑物的东边附设有雪隐，南边是宽敞的庭园，北边紧临的是风吕屋。所谓的"风吕屋"，乃是由风吕（蒸气浴）、汤殿（泡澡的地方）和便所组成的。秀吉偶尔兴致一来，也可能带着客人到此处参观。

南

山里

　　本丸北方稍微低一点的位置设有一座芦田曲
轮。它的西边是武器库及士兵居住的长屋。东侧
是一片很大的庭园，有"山里"之称。

　　"山里"可诠释为"位丁深山里的村庄"，
这个名词多少蕴含着"远离乌烟瘴气的都城，到
清静的大自然中生活"的愿望。室町时代有一位
贵族在松树下盖了一座草庵，命名为山里庵，丰
臣秀吉在姬路城时就建了一座名为山里的庭园，
兴建大阪城时，他把石山本愿寺遗留下来的
庭园加以改造，增建茶室一类的设施，
建成了如今的山里。城郭石垣的
工程结束之后不到两个月的时间，
秀吉便赶在 1584 年（天正十二年）正

朱三楼

菱楼

开平平

平

山里

极乐桥

月三日，举办了山里启用的茶会。

大阪城的山里有一片古老的松树林。北面是山里御殿，这里的房间同样有印上金箔、绘有精美图画的拉门和墙壁。从御殿可以望见城北的淀川、往来的舟船和开阔的绿色原野。

秀吉过世之后，北政所仍在山里的庭院举办紫藤花赏花会，与众女房共享自然美景。根据推测，当时赏花的地点是在松树林的深处，也就是整个山里的东部。在它的南侧，也就是在天守台的正下方，兴建了一座用来祭祀丰臣秀吉的神社，名为"丰国明神社"。

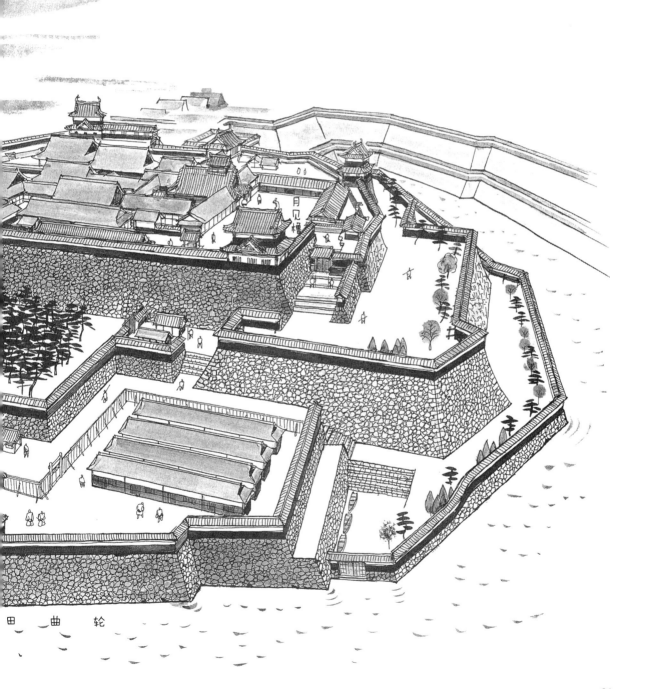

田　曲　轮

茶 室

在表御殿参见过丰臣秀吉，又参观了天守和奥御殿的访客，通常在稍后的日子里会接到邀请，秀吉会招待他们前往山里的茶室坐坐。以大友宗麟为例，他受邀前往的时间是和秀吉会面两天后的早上。

博多的大商人神谷宗湛则是在1587年（天正十五年）二月，应邀前往山里品茗（秀吉在该年秋天征伐九州）。那天早上（大约4点钟），神谷宗湛站在山里的栅门边等了一会儿后由下人带往茶室。沿途的道路都泼有清水[1]。

到达目的地之后，木板门打开了。他们从一块区区70厘米见方的蹲口（茶室特有的小门）进入茶室，眼前的景象顿时教神谷宗湛大吃一惊！在他的印象中，一般的茶室至少有四叠半到六叠榻榻米的空间，这里仅有两叠大，天花板也只有六尺高（约1.8米）。而装饰着挂轴的壁龛，宽度更仅有五尺（约1.5米）。由于空间过小，地炉无法设在正中央，只好在角落挖一小块面积架设。四周是土墙，下方还贴有废弃的旧日历。房间的南边有一扇半透光的纸拉门，打开后可见到外头土制围墙内有一小块袖珍的庭院（坪之内），里面一棵树也没有。人们只能隔着围墙的高度，望见墙外的一片松林。

神谷宗湛看向壁龛上的挂轴时，秀吉进入茶室，未等他入座便热情招呼他上前看个仔细。接着侍僮送来膳食，主客一起在房间里用完餐后，步出屋外用手水钵（洗手盆）漱口，然后回到座位。这时候，地板上已放好茶盘，盘内整齐地摆设着茶叶罐、茶杯等用具。秀吉不疾不徐地步入房间，对客人说："我来为您点茶吧。"等客人坐下便开始点茶。神谷宗湛自然是心怀感激地接过

茶碗喝下。

在那个强调阶级意识的年代，关白亲自出马为地位低的大名或商人点茶，简直是天方夜谭。秀吉肯这么做，是因为茶室这个狭小的空间可以说是佛的净土。

依照平安时代后半期流行的净土教的说法，现世是污秽丑陋的，苦多于乐，凡有形之物终将趋于寂灭；相反来世的极乐净土充满美好、清净与喜乐，那是个永恒的世界，不仅人人平等，亦无死亡的存在。后来，这番教义里又衍生出极致的奢华与极致的朴素这两种对比的产物。京都平等院的凤凰堂与金阁寺便是典型的以模拟极乐净土为目标的建筑物。安土城的天主也是在相同的背景下塑造出来的。另一方面，有人认为既然世间万物终将灭绝，我们的住所也不过是暂时的栖身之地罢了，那么它只要能够遮风蔽雨即可。于是，芦苇、竹子和圆木搭建的草庵出现了。一些僧侣和隐士刻意选择这类简陋的小屋作为栖身之所。

室町时代的上层武士和贵族，更是一方面借由中国传来的文房四宝、茶具和精致绘画为他们举办连歌等聚会活动的场地增添风雅，另一方面又在庭园里修建草庵。

这群人在战国时代没落后，那些来自中国的舶来品纷纷落到后起的武士及商人的手中。渐渐地，新兴阶级将这些道具挪用到比以往的连歌更具亲和力的茶道现场。堺等地的商家住宅狭小，于是他们便在座敷围出一个空间，以芦苇铺顶，做出几分草庵的味道，目的是创造"城市里的山居"。他们会在壁龛里摆设一些中国的舶来品或是日本仿造的茶具，并模仿禅宗寺院和贵族宅邸

---

1 日本茶会在迎送客人时会以清水泼路作为礼仪，起到降尘的作用。——编者注

的礼仪表演点茶。

　　这类茶道聚会上也会出现武将的身影，武将要促进自己领地内的繁荣并在沙场上赢得胜利，商人的助力是必需的。

　　秀吉自从得到织田信长赏赐的茶具，便兴致勃勃地跟随着千利休学习茶道。

　　在山里的茶室，秀吉不仅和众大名、商人闲话家常，还会交换战争或政治方面的意见。对丰臣政权来说，这间山里的草庵就和黄金打造的本丸御殿一样，都是非常重要的地方。

二之丸与外护城河的兴建工程

1586 年（天正十四年）二月一日，大阪城再度展开挖掘沟渠的工程。这次要挖的是二之丸外围的外护城河。

紧接着，丰臣秀吉在京都打造了一座关白应有的城郭式样的豪宅，宅第名称为"聚乐"。完成后没多久，工人又要移师东山，进行方广寺大佛殿的兴建。

担任大阪城二之丸和外护城河工程的总奉行，是秀吉同母异父的弟弟丰臣秀长（大和郡山城主）。秀长在前年讨伐纪州和四国的两役中皆担任总大将一职，在丰臣政权内已蹿升至一人之下的极高地位。同样参加了这两次战役的西国大名，包括毛利家等人，也奉命分担了一部分大阪城和聚乐第的工程。根据统计，投入大阪城土石

工程的人数约有四万至六万，而三月一日开始的石垣工程，则有八万至十万人次参与建设。

大阪城石垣所用的石料乃是以船只从距离大阪 100 公里远的濑户内海的小豆岛运来的。当时扬着船帆从大阪湾一路驶进淀川的船只数，最高曾经到达一天 1 000 艘，仅堺一个地区就奉命派出船只 200 艘。因此众大名派出来的船只可能已经不仅限于货船，恐怕连打仗时专用的战船都得派上用场。

大名高山右近负责在大阪城北方的岸边卸货。他经手的石料当中甚至有体积大到需要上百人才拖得动的巨石。这引起地方上围观的老百姓大声惊呼。

由于地质的原因，濑户内海一带较容易取得

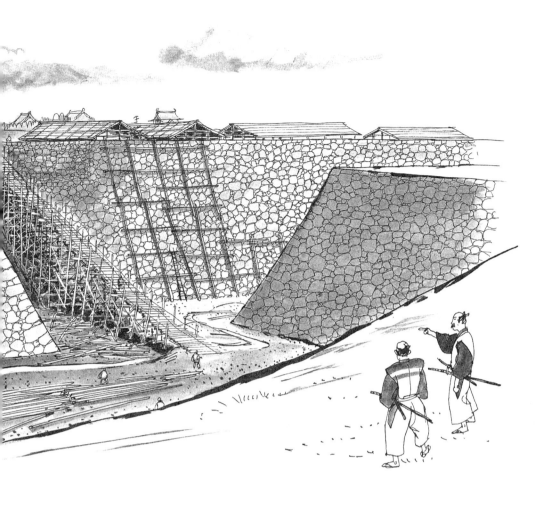

适合做城墙的花岗岩，当地人自古便习惯筑石墙作为河川的护岸，或是防止斜坡倾圮的护栏。因此当地优秀的石匠比比皆是。这次建设外护城河的石垣有了这群专业人士的帮忙，应该盖得比内护城河（本丸的护城河）的石垣更坚固完美。

外护城河比内护城河的幅度宽，有二十间（约40米）之远，深度也加深了，达十五六间（约30米）。由于渗出的地下水太多，工人趁半夜到工地现场舀水，一直舀到日出才开始进行石垣的堆砌作业。正因为难度如此之高，石垣的建造工程花了超过三个月的时间才完成。

石垣一完工，接下来便轮到二之丸的四个大门、橹和御殿等营建工程。根据考证，上述工程的完成时间在1587年（天正十五年）秋天。其间丰臣秀吉一度出兵九州讨伐岛津氏，直到九月份才返回大阪。同时，他将住所搬迁到已落成的聚乐第。唯一不变的是，大阪城自始至终都是丰臣家业最重要的根据地。

1588年（天正十六年）正月，大阪城展开第三次的工程作业。一般认为这次施工的主要目的乃在补足前一次外护城河工程遗留下来的部分，或者是加盖四座城门外的曲轮。

同年的四月，外护城河工程正式完工的前后，后阳成天皇出幸聚乐第。当时众大名还在天皇的面前宣誓听命于关白秀吉。

奈何好景不长，没多久便发生了一起意外事件，仿佛冥冥中暗喻着丰臣家的光环即将不再。那便是大阪城外护城河长达二十余间（约40米）的石垣崩塌了！

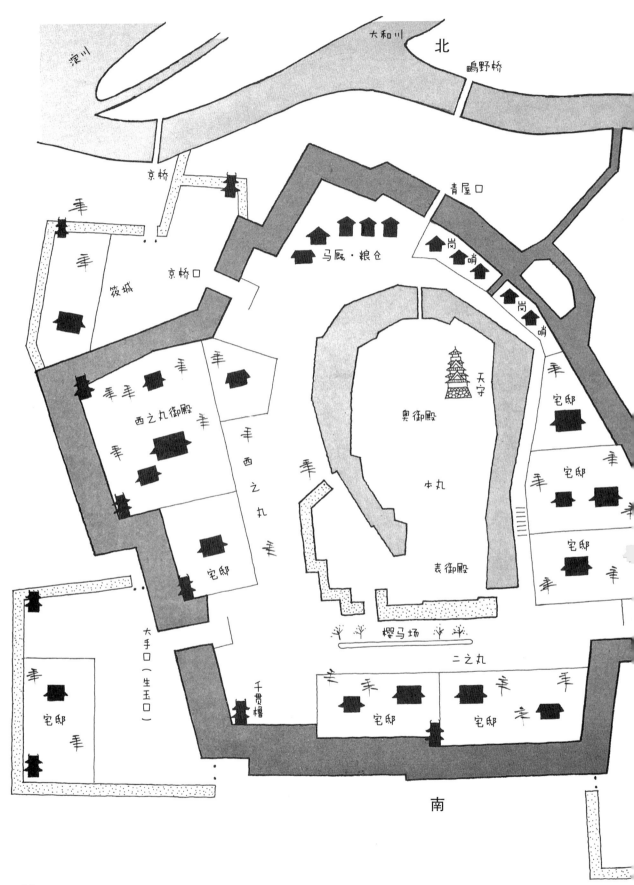

淀川
大和川
北
鴫野桥
京桥
青屋口
马厩·粮仓
岗哨
京桥口
筱城
岗哨
天守
西之丸御殿
奥御殿
宅邸
本丸
西之丸
宅邸
宅邸
表御殿
宅邸
樱马场
大手口（生玉口）
二之丸
千贯橹
宅邸
宅邸
宅邸
南

86

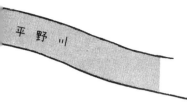

二之丸的构造

外护城河围绕的二之丸四方均设有虎口，作为正门的大手门位在西南方的生玉口。

位于西北方的京桥口，面对着京桥（横跨片原町，那里有座码头，专门停泊往来京都的船只）和天满桥（横跨北边的天满）的方向，是平日的出入口。

东北的青屋口是通往城郭东方低湿地的出口，这里的算盘桥平时桥板收起来（桥桁附有轮子，可随时应需要往外延展或收回），等到必要时才使用。

至于东南方的玉造口，平日大门是紧闭着的。根据推测，这道门应该只在危急时刻才会派上用场，目的是供城主从本丸的东门一路撤退至此出城。一出了玉造口，东边是悬崖，南方的玉造又是大名府与武士住宅林立的地区，因此玉造口即使在战争期间遭敌军攻击的可能性都很低。

上町台地在大阪城到北部淀川的这部分，地表呈倾斜状态，以至于二之丸也跟着呈现南高北低的现象。从玉造口的门内至生玉口的南半部为高地，北半部比南半部矮了15米。南边靠近本丸附近设有一片种植着

樱树的马场，在靠外护城河的一侧有三座宅邸，是丰臣秀吉的外甥秀次和丰臣家族居住的地方。

二之丸的西边借由堆土与南部的地势一样高，因此城郭内比外护城河外的地面要高出许多。一旦作战，城内拥有居高临下的优势。这块区域唤作"西之丸"，占地比本丸更广，秀长的宅邸及相当于丰臣政权行政官厅的大型房舍都坐落在此地。

根据考证，京桥口门内的二之丸北部设有卫兵居住的长屋以及粮仓和马厩等设施。

二之丸的东部与北部连成一片低地。据判断，东部宅邸归属丰臣秀吉的家老浅野长政所有，以利他执行守卫玉造口大门的重责。

如此环绕一圈看下来，二之丸似乎没有空间安置重兵，实际上四个城门的外侧各自设有围绕着壕沟的曲轮。玉造口外有个"算用曲轮"，京桥口一带有个"筱之丸"，就连主要城门生玉口也同样设置着曲轮。这些地方少不了守护城门之部将的住宅。

大阪冬之阵的史料中提及的"三之丸"，指的或许就是城郭外面的曲轮吧？

千叠敷建造在朝鲜之役时

1589 年（天正十七年）八月，丰臣秀吉正式将三个月前侧室淀殿于淀城所生的子嗣鹤松迎接到威严宏伟的大阪城。这个大动作也象征着对外昭告：鹤松将在未来继承秀吉的天下大业。

翌年天正十八年，秀吉出兵攻打后北条氏，终于铲除了对方统治关东八国长达百年的势力，完成了统一天下的伟业。先前曾经迎战武田信玄与上杉谦信，并分别击退二人军队的小田原城尽管已是所有战国大名的城池中最大的一座，在面临关白的十万大军兵临城下时，仍不得不乖乖开城投降。在此事件后，德川家康的势力被迫移往关东地区。

天正十九年自年初开始陆续发生了几起足以撼动丰臣政权的事件。首先是最受秀吉信赖的秀长在正月身亡。随后在二月份，与秀长势力不相上下的千利休突然失势，奉命自杀。然后，同年的八月五日，年仅三岁的鹤松死于淀城。翌日，秀吉前往京都的东福寺参拜，并削发展现他出兵朝鲜的决心。

长期以来，织田信长始终怀

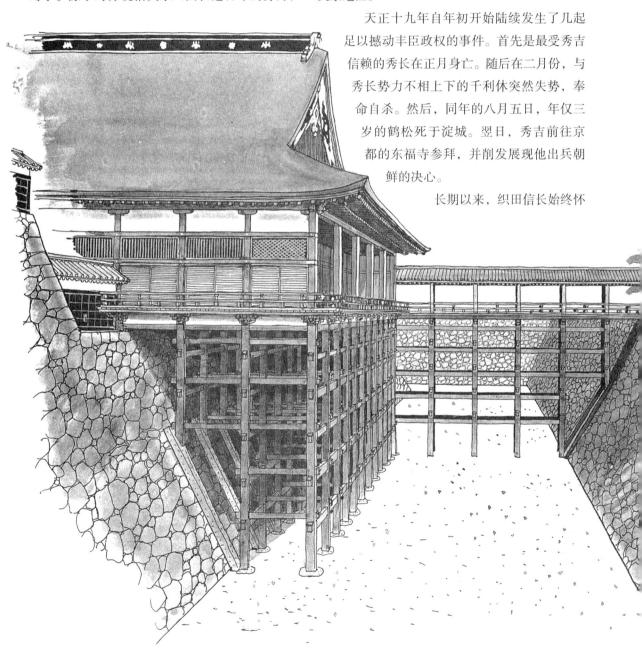

抱着征服中国（明朝）的野心，继他之后成为一方霸主的秀吉也一直念兹在兹，不知何时才能实现如此大愿。如今，日本全国的政权已然统一，而他所期盼的继承人鹤松突然夭折，对秀吉来说，唯一的生存价值恐怕仅剩下这点远征他国的愿望了。

于是，秀吉立刻选定在肥前（佐贺县）的名护屋打造一座城郭，作为进军朝鲜的基地。他把大阪城的山里御殿原原本本地搬到那里，并于翌年（文禄元年，1592）正月，对众大名发布攻打朝鲜的命令，还亲自领军前往名护屋。

由于日军一开始便采取快攻策略，朝鲜首都京城没多久便沦陷了。秀吉欲乘胜追击，拟定了打败中国后如何统治中国、朝鲜、日本三个国家

的计划，并将计划的内容透露给外甥丰臣秀次。

奈何同年七月，秀吉之母大政所去世了，秀吉顿时起了退隐的念头，于是将关白的位置让予秀次继承，然后自封为"太阁"。自八月起，他展开在风光旖旎的伏见筑城的计划。伏见城石垣所用的石头及建筑物料，乃是拆除淀城后运过去的。

到了1593年（文禄二年）八月，淀殿再度于大阪城的二之丸御殿为秀吉诞下子嗣（取名"拾

丸"，后改名为"秀赖"）。太阁欣喜若狂，于文禄三年起遍访各大名府邸，与众人共享能剧、茶会及赏花会等活动的乐趣。文禄四年的春天，秀吉带着秀赖迁居到新落成的伏见城。

同年夏天，太阁将关白秀次放逐到高野山，命他切腹自杀，同时将他的妻儿处死，连关白府"聚乐"也无可幸免地遭受到破坏。根据推测，原因很可能是想把家业交给秀赖的太阁或太阁身边的近臣石田三成，看到秀次与朝臣公卿往来频繁，日渐展露出关白的架势，内心感到了强烈的不安。

另一方面，日军在朝鲜陷入了苦战，逼得秀吉只好与明朝协商和议。针对秀吉提出的条件，明朝皇帝遣使者带着回函来到日本。

为了充分向明朝使节彰显日本的国力，秀吉在大阪城和伏见城均加盖了大型的对面所。规模之大创下空前纪录，有"千叠敷"之称。

以大阪城来说，把原来位于本丸表御殿的对面所拆掉，建设用地仍嫌不够大，于是千叠敷不得不横跨到壕沟上方，形成檐廊下方高柱林立的特殊构造"悬造"。

为了向明朝使节介绍日本的能剧，壕沟的对岸又盖了一座专用的舞台，然后架桥与千叠敷连在一起。无论舞台还是桥梁，都色彩鲜艳、精雕细琢、华丽非凡。

然而在1596年（庆长元年）闰七月十三日的深夜，发生了一场大地震，导致大阪城包括千叠敷在内的许多建筑物遭到损坏，伏见城更是连石垣都崩塌了。秀吉只好将大阪城的御殿加以修缮，用来充作与明朝使节会面的场所。可是，秀吉看到明朝皇帝的回函中竟写着"任命丰臣秀吉为日本国王"的字句，顿时气急败坏，下定决心再度出兵攻打朝鲜。

大阪城千叠敷的重建工程是在秀吉死后，才在本丸围墙内进行的。

丰臣秀吉临死前打造总构

秀赖诞生的第二年，也就是 1594 年（文禄三年）正月，丰臣秀吉命兴建中的伏见城和大阪城加盖"总构"。

所谓的"总构"，指的是城郭最外围的防御措施。当年石山本愿寺的总构是由有规划地分布在大阪周边的几座营寨组成。而丰臣秀吉下令修建的总构是以沟渠和土垒环绕城郭及城镇的外围。它的西侧即现在的东横堀川（距离本丸约 1.4 公里），很可能是由古代难波京的运河拓建而成。而它的南侧是由壕沟组成，其位置在天王寺与城郭的中间，即今日的空堀通（距离本丸约 1.5 公里）。总构东侧的护城河由猫间川（距离本丸约 0.5 公里）改建而成，北侧则是淀川形成的天然屏障。如此一来，无论是外护城河以南的大名府，还是以西的商街，全都在这层防护罩里。

在此之前，丰臣秀吉曾在讨伐小田原之后的第二年，于京都打造了一座环绕着街市的土垒，也就是所谓的"土居"。它的构想模仿了小田原城的总构形式，目的在于将京都设计成聚乐第的城下町。为此，秀吉特别将聚乐第周边的土地广赐给众大名，并以对方的妻儿为人质安置在此。而说到总构的功能，不仅是保护城池不让外敌侵入，还包括看守内部的人质，不让他们轻易逃脱。

秀吉之所以下令为伏见城和大阪城修筑总构，据判断主要是为传位秀赖预做准备，帮他把两座城郭的防御机制打造得更周全。但人算不如天算，翌年的秀次事件使得聚乐第遭到摧毁，伏见城遂取代聚乐第成为丰臣政权新的根据地，所以秀吉必须将安置人质的诸大名府迁到伏见城的总构内。就在这时发生了庆长大地震，盖在地基不稳之水边的伏见城顿时化为一片瓦砾。

秀吉很快将整个伏见城搬到附近的木幡山重建，并于 1597 年（庆长二年）五月以太阁身份迁居新伏见城的天守。同时，秀赖从大阪城搬到此地与他同住。而先前在朝鲜一役中损兵折将的众大名，在此番重建工程中却又不得不出人出力，可谓苦不堪言。

关白秀次身亡后，整个丰臣政权的重心转移到伏见城。随之而来的是重建体制。德川家康、毛利辉元、宇喜多秀家、前田利家、上杉景胜等各具势力的大名组成的五大老，加上石田三成等五位官僚组成的五奉行，以合议的方式来执行政权、管理国家。这种议政的办法和太阁的身体日渐衰弱有关。

太阁在 1598 年（庆长三年）的春天，还曾经在醍醐寺与北政所及多位侧室举办盛大的赏花会。可是在那之后，他宿疾复发。即使如此，将高野山金刚峰寺金堂移建到伏见城的工程，他仍亲力亲为到场监督，以致病情恶化。最后，他躺在病榻上缓缓嘱托德川家康、前田利家和毛利辉元等人照顾秀赖的未来，于八月十八日咽下最后一口气，病逝于伏见城，享年六十二岁。

他的辞世和歌中写道：

> 生如朝露，逝若露消，此即吾身。难波繁华事，宛如梦中之梦。

从歌中我们不难体会，对太阁来说，在有生之年得以成为天下共主、入主大阪（难波），建设城郭与城市，是多么无与伦比的美好回忆啊！

太阁的死期愈来愈近时，大阪再度发起大型工程的建设。

这是太阁在为死后可能引发的世局混乱做准备，在总构中兴建宅邸，将东国大名的妻儿作为人质安置在此，西国大名的人质则安置在伏见。

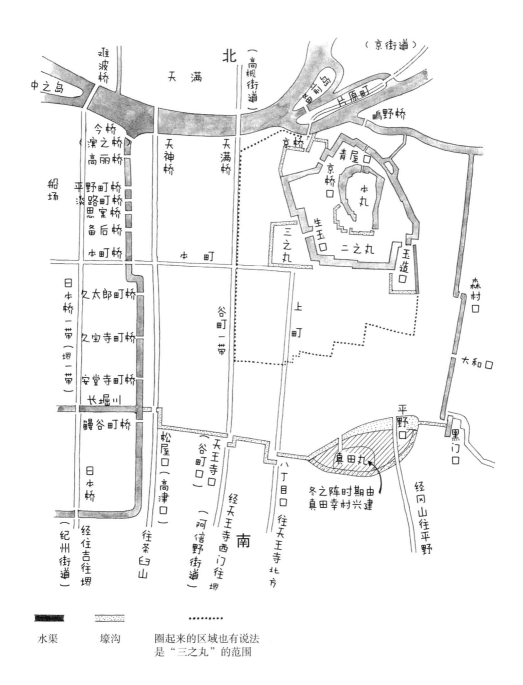

北

（京街道）

（高槻街道）

难波桥

中之岛

天满

天满岛

片原町

鹏野桥

今桥（浜之桥）

高丽桥

京桥口

青屋口

平野町桥

路思桥

备后桥

本町桥

船场

天神桥

天满桥

京桥

本丸

京桥口

生玉口

三之丸

二之丸

玉造口

日本桥一带（堺一带）

久太郎町桥

久宝寺町桥

安堂寺町桥

长堀川

鳗谷町桥

日本桥

森村口

谷町一带

本町

上町

大和口

松屋口（高津）

天王寺口

（谷町口）

平野口

真田丸

黑门口

经冈山往平野

冬之阵时期由真田幸村兴建

八丁目口（往天王寺北方）

往茶臼山

（阿信野街道）

经天王寺西门往堺

（纪州街道）

经往吉往堺

南

| 水渠 | 壕沟 | 圈起来的区域也有说法是"三之丸"的范围 |

　　为达此目的，必须将大阪总构内的 17 000 户町屋拆除，在船场的西方重新打造街市。对于遭受损失的大名和商人，以发放金银米来补偿搬迁的花费。

　　太阁去世之后，原本住在大阪城本丸的北政所移居到西之丸的御殿并落发。正在朝鲜的军队也被召回国内。

　　翌年正月，丰臣二世秀赖与负责照顾他的前田利家一起离开伏见城，搭乘御座船顺淀川而下，进入大阪城的本丸。从此，秀赖与母亲淀殿成为大阪城的新城主。

德川家康入主西之丸，并且在关原一役赢得胜利

丰臣秀吉过世之后，实际上接掌丰臣政权的人乃是五大老当中排名第一的德川家康。身为五奉行之一的石田三成担心德川家康趁此机会扩大势力，曾密谋对他进行暗杀，但并未成功。在大阪城保护秀赖的前田利家是唯一一个有实力和德川家康对抗的人物，可惜没多久就死了。当晚，石田三成遭到加藤清正等部将袭击，被迫逃往大阪城北方备前岛上的德川家康宅邸避难。最后，石田三成不得不宣布退隐，回到他位于近江佐和山的居城。

既然反抗势力已一一消灭，德川家康堂而皇之进入伏见城打理政务。到了九月，更直接迁居至大阪城的西之丸。原本住在西之丸的北政所已经主动离开，前往京都。于是，丰臣秀吉的家业、天下与大阪城，同时落入了德川家康之手。为了因应德川家康的进驻，西之丸又另外盖了一座天

守，使得大阪城陷入有两座天守又有两个主人的尴尬状态。

虽说石田三成这条命是德川家康捡回来的，但这并没有动摇他打倒家康的决心。他找上五大老当中位于会津（福岛县）的上杉景胜，两人连手策划了一项行动，企图从东西两方夹击德川家康。

计划尚未实施已被德川家康看出景胜有叛乱之意，于是1600年（庆长五年）六月，家康亲自出城率领众大名联军，浩浩荡荡讨伐会津。听到消息的石田三成索性顺水推舟，提早实践讨伐德川家康的计划。他罗列家康多条罪状，以此号召众大名参与行动。罪状之一便是擅自在西之丸兴建天守。后来，石田三成趁机将家康留守在西之丸的势力赶出去，并奉五大老之一的毛利辉元为西军的主将，直接迎他入西之丸。

接着，西军出击伏见城，将家康留在城里的部将打得落花流水，成功地攻下城池，并放火烧城。可是到了九月十五日，西军在关原与德川家康正面交锋时惨败，石田三成因此被杀。追究其原因，关键是西军内部出现分裂，有部分势力改弦投效东军旗下。主将毛利辉元在关原一役甚至没有上阵，战斗就结束了。

德川家康允诺不会对毛利辉元施行任何处罚，毛利辉元便乖乖将大阪城的西之丸拱手让出。于是，家康大摇大摆地返回西之丸。这时候，辅佐丰臣秀赖的片桐且元正好负责大阪城门的警备工作，他公然大开城门迎接家康进驻。局势演变至此，德川家康已然成为天下共主，而秀赖和大阪城沦为他的人质，被他就近监视。

战争结束后，家康将丰臣秀赖的领地缩减到只剩下摄津、河内及和泉三国（含大阪府及兵库县的部分地区），俸禄也降至六十五万七千石。其余的领地全数归家康所有。对于毛利家族，德川家康一反承诺，不仅夺走了他大部分的领地，甚至逼得对方让出广岛城（黑田官兵卫仿造聚乐第的结构负责绳张工程的名城）。另外，凡是加入西军的大名，领地都遭到没收，一部分纳入家康自己的领地版图，一部用来犒赏德川家的家臣，并酬庸立场倾向东军的大名。

1603年（庆长八年），德川家康正式由天皇任命为征夷大将军，并在江户开设了幕府。为了稳固幕府的大本营，他重新将江户城打造成一座石造城郭，积极建设当地城市。另外，他再度翻新伏见城，作为幕府在近畿的根据地。他还在京都重新兴建二条城。一如过去丰臣秀吉的做法，家康把每项工程都交待给众大名去执行。这样的施工方法称为"天下普请"。

家康当上将军半年后，把自己的孙女千姬（秀忠之女，七岁）嫁给了大阪城的秀赖（十一岁），履践了当初在丰臣秀吉病榻前许下的承诺。然而就在两年后的1605年（庆长十年），家康把将军的位子让给了儿子德川秀忠，自封为"大御所"，意在昭告天下：将军一职永为德川家所世袭。对于殷殷期盼秀赖早日成人、期待德川家康将统治天下的大权还给丰臣家的遗族来说，他们的心愿已然遭到背叛。

繁荣的大阪城下町

整顿大阪城下町与筑城的工事可说是同步进行。当城内正在进行二之丸与外护城河的土木工程时，城外的工人正在北方打造一个新街市。德川家康把天满一地赐给了本愿寺，命对方积极建设寺内町；在往来京都专用的码头附近，他选择京街道起点的备前岛靠近片町的地方兴建商业街。

另外，丰臣秀吉缠绵病榻之际，除了下令在大阪城外围打造总构外，要求城镇也必须配合进行总体改造。于是，位于总构（东横堀川）内的町屋全被拆除，取而代之的是一栋又一栋用来安置人质的大名府。同时，总构西侧的船场释出大批建地，政府补贴供重新兴建町屋。新盖的町屋比以往好，不仅使用桧木的角材，还是上下二层楼式，连屋檐的高度都有统一规划。日本自此才出现相同样式的町屋排列而成的整齐划一的城市景观。在此期间，本愿寺也完成了别院（总寺已在先前迁移到京都）的建造，并从别院的西边挖出环绕寺院的西横堀川作为屏障。

总构中的寺院被迁往天满寺内町的旧址，并兴建新的寺町，同时，在天满的北方和西方挖掘出一道环绕寺内町的人工护渠。

一般认为，德川家康完成丰臣秀吉的遗愿，使大阪城郭和城下町连成一体，并将大阪打造成大型都市，是关原之役发生前不久的事。那时候，四天王寺也得以重建。

当时的大阪分为三个区域，由三位奉行各自主管辖区内的治安维护工作。这三块区域分别是：东横堀川以东的上町、东横堀川以西的船场，以及淀川以北的天满。

经由此番城郭与城下町的建设，大阪街市得以快速蓬勃发展。而每一次大型工程动辄聚集数万人力，粮食物资的需求量十分可观，这些均有赖众大名从各自领土募集而来。稻米首先运进大阪的粮仓存放，再卖掉换成金银，作为大伙儿停留在大阪和京都的旅费，或作为普请工程期间的资金。万一从家乡带来的人手不够，还得花钱雇临时工，而且在切割石头及搬运方面，也得聘请专业的工匠和运输业者来帮忙，这些都得花上不少钱。

几次战争导致人力与物资的大量流动，反而使大阪经济十分景气，逐步迈向繁荣兴盛。

当时访问大阪的葡萄牙传教士弗洛伊斯曾留下这段记载：

"在大阪要什么就有什么，在堺没有的东西，在大阪很容易找到。"

于是，以大阪为中心发展出来的水陆交通网络，至此已然形成。

*

尽管德川幕府确立后已将政治重心移到江户，但大阪身为日本经济重镇的地位并未受到动摇。它不仅没有走下坡，反而日益蓬勃发展。

在京桥的南方，栉比鳞次地排列着一间间蔬菜批发商店；北边则是热闹的淡水鱼市场；沿着淀川往下游走，可以看到隶属于诸大名的成排粮仓；在船场的河岸边有木材店，出售远从近江、丹波、四国和周防（山口县）等地经由水路运送而来的木材。此外，由于大阪的木工和造船工特别多，造船业也颇为兴盛。

迈入江户时代之后，大阪被称为"天下厨房"。不过在秀赖时代之前，大阪一直都是日本第一的大都市，当时大阪的人口更是突破了20万大关。

　　在丰臣秀吉建设大阪之初，弗洛伊斯曾认为：
"只要丰臣秀吉一死，他精心打造的大阪城市大概也
会跟着沉入历史。"不料，事实完全相反。

冬之阵——德川家康对丰臣家施压

　　德川秀忠一继任将军便着手进行江户城的兴建，其中包括城下町的建设。待江户城的工程一结束，大御所德川家康便开始兴建自己的居城骏府城。为了这次的工程，他要求秀赖也从自己的领地调派人手供差遣役用。到了1610年（庆长十五年），大御所又为了他的儿子义直大兴土木打造名古屋城。连续两次筑城都是以西国大名为主力、众大名协助完成的天下普请。接二连三的普请导致和丰臣家渊源较深的西国大名沉重的经济负担。

另一方面，大御所还频频催促丰臣家修缮或重建大阪的神社和寺院。他看穿淀殿有意继承太阁的遗志，贯彻他晚年致力的这些事业，于是怂恿淀殿拿出太阁的庞大遗产来完成工程。大御所还任命秀赖的家老片桐且元为奉行官，由他代为执行这项任务。其中最大的一项工程是重建方广寺大佛殿。

方广寺大佛殿原本是丰臣秀吉建造的，庆长大地震导致以木头为骨架的大佛损坏，一直未加以修复。这回秀赖原本计划用铜来铸造大佛，不巧此时发生了一场大火，原本好端端的大佛殿也烧毁了。

重建大佛和大佛殿的工程与名古屋的筑城工作同时进行。在德川家康的指示之下，片桐且元担任奉行，家康的御用大木匠中井正清担任木匠工头。正清就是当初打造大佛殿的灵魂人物中井正吉的长子。在此同时，中井正清也参与了名古屋的筑城工作。

1611年（庆长十六年），后阳成天皇让位，后水尾天皇继任。为参加即位大典而必须进京的大御所想起早些年秀忠就任将军时，丰臣秀赖并

未进京观礼，于是要求秀赖这回务必进京。进京就意味着丰臣氏向德川氏表示臣服。向来心高气傲的淀殿当然不答应，加藤清正等将领表示会一路随身保护秀赖进京，这才说服了她。于是，秀赖终于进京，并在二条城与大御所会面。当大御所看到年已十九、长大成人的秀赖，内心不免对德川将军家的未来感到忧心。

翌年（庆长十七年，1612）年底，名古屋城终于完工了。这座城郭有着规模庞大的天守，一层的面积接近大阪城天守的两倍大。说穿了，这栋建筑无异是德川幕府对丰臣氏展现自身优势地位的一种象征。

另一方面，利用太阁遗产兴建的大佛殿于1614年（庆长十九年）完工了，其庄严隆重的样貌堪与过去东大寺的大佛殿相媲美。片桐且元拟在同一天举行盛大的大佛开眼供养祭典与大佛殿的落成法事，挑好良辰吉日之后，便呈报给大御所核准。不料此事遭到大御所反对，引来双方你来我往一阵争论。这时德川氏有人发出抗议，原因是方广寺梵钟的铭文当中竟然出现诅咒德川氏的不祥字句，再加上大佛殿的栋札上未注明重要推手中井的大名，德川一族大骂不成体统。最后商讨的结果只得是将大佛殿的法事往后延。

负责营造的奉行片桐且元特地前往骏府（静冈）分辩，却未能如愿获得大御所接见。返回大阪之后，他提出消弭德川氏对丰臣氏的不信任的解决方案：一是丰臣氏让出大阪城，二则委曲淀殿当人质移居江户。这个提议引来淀殿等秀赖身边人的大发雷霆，他们决定杀了片桐且元。片桐且元感到自身性命有危险，便从自己负责看守的二之丸玉造口大门悄悄溜走。事情发展至此，丰臣一族终于暂时摆脱了幕府的监视。

冬之阵——城郭方面的备战

大御所听到片桐且元离开大阪城的消息后，立刻打定主意攻打大阪，并发出命令给各国大名，要求他们准备出兵。理由是大阪城既然敢驱逐幕府任命的奉行且元，就表示丰臣氏有意造反。

尽管过去蒙太阁提拔的大名不少，但加藤清正等老将已相继去世，大名们不是投靠德川氏，便是成了幕府的要员，实际上站在丰臣氏这边的大名已所剩无几。

不过关原之役等几次战争加上各式各样的因素，造成当时有不少离开所属藩地四处流浪的武士（浪人），他们不约而同地来到大阪城。

其中包括原本身任信浓（长野县）松本城主的石川三长的弟弟。如今遗留在日本各地的天守中，历史最为悠久的松本城天守，便是由石川三长兄弟的父亲主导兴建的。另外，信浓上田城主真田昌幸之子幸村关原一役战败后被幽禁在高野山上，脱逃之后便投效大阪城。除此之外，丰臣氏还拥有原本隶属于统治大和地区的筒井家一干家臣，以及黑田长政的部下后藤又兵卫、加藤嘉明的部下塙团右卫门等猛将。还有大批受到太阁遗产之黄金悬赏的诱惑而加入军队的浪人。当时被列为禁教的基督教的信众，也有不少人专程来到大阪城。

当时真田幸村与后藤又兵卫等人积极主张趁幕府军长途旅行疲惫、军心涣散之时主动出击，攻对方于不备，如此才有机会获胜。但最后商议的结果是遵从淀殿与秀赖的亲信大野治长（秀赖乳母之子）等人的建议，采取闭门守城的策略。

想要攻破大阪城，唯一的办法是从南方延绵无尽的上町台地着手。于是真田幸村在总构东南方展开了外城（真田丸）的兴建工程，战争爆发后万一幕府军从南方总构攻上来，丰臣军可以从侧面予以反击。他在台地的边缘挖出环绕的半圆形壕沟，并堆积土垒以兴建土墙和瞭望的橹，然后在土墙的前方、壕沟当中及外围，分别竖起三道防御栅栏。

在南面总构的西侧则挖掘新的壕沟，并将壕沟做成内外二段式，中间的土垒立着八寸（约24厘米）宽的角柱，表面钉上木板作为屏障。除此之外，自壕沟往内的方向，每隔十间（约20米）便设置一座橹。橹的设计是每一间（约2米）各凿有六个狭间，每个狭间分别架设着三支步枪。在橹和橹之间加盖井楼，在屏障内侧支柱的上方搭建一个宽十尺（约3米）的平台，每座平台上均排满了枪支。另外，每隔不到一町（约120米）的距离便安置一台大炮，并在壕沟里撒满利刃和箭镞。这时候，城内的兵力达到近10万人。

冬之阵——幕府军的攻击

1614 年（庆长十九年）十一月十九日，德川家康与秀忠站在四天王寺西边的茶臼山上远眺大阪城，并与藤堂高虎等将领研究该从哪个方向攻击。之后他们对内下达指示，在城郭的周围盖起十多座营寨，设置哨兵驻守，同时还要封锁道路。翌日，大伙儿聚集在家康位于住吉的阵营，摊开大阪的地图反复磋商军机，最后敲定将大阪城护城河的水放干，然后从北边的天满、西边的船场及南边的天王寺三个方向，共以 20 万大军同时发起攻击。

行前的准备工作包括：备妥沙包 20 万袋及芒草和芦苇，在淀川的上游进行拦堵，将河水导引至支流。另外将竹子捆扎成束，作为攻城行动中用来抵挡城内发射的枪弹的护具。同时用铁打造大型的盾牌，一一发放给大名使用。

幕府军首先攻击的是位于船场西边，隶属于城方所有的营寨。夺下这些营寨之后，又于城北天满的西方野田和福岛一带，大破城方的水军。

位于城郭东北方的鸥野、今福地区也无可幸免地出现战况。起因是当时丰臣秀赖本人正好位于山里的菱橹之上，他发现幕府军士兵的踪影，便命后藤又兵卫开枪射击，进而引发这波战事。

眼看着幕府军一步步逼进城郭，开战十天后城方决定施行坚壁清野策略，放火烧船场，并将横跨东横堀川的桥梁烧到只剩下一座本町桥，使城内陷入完全封闭的状态。

前田家、越前松平家和井伊家等将士，以幕府军的先锋部队之姿，对真田幸村发动攻击，却遭到城方的回击，溃不成军。

这时候，幕府军动用了数百名石见银山的矿工，朝着城内方向开挖地道，并在东横堀川边搭建浮桥（用船并结而成的临时桥），令他们准备沙包填护城河。另外，御用木匠中井正清正积极打造攀越屏障用的梯子和拉倒栅栏用的耙子（熊手），分配给众大名使用。不过，就算幕府军能凭着这些工具跨过总构的壕沟，他们仍无法穿越防守严密的外护城河与内护城河。

冬之阵——双方和谈同意掩埋沟渠

对于大阪城的固若金汤，德川家康先前已有心理准备，因此冬之阵展开没多久他便派遣随从本多正纯与城内的织田有乐（织田信长之弟，淀殿的叔父）、大野治长交涉和谈事宜。不过本多正纯提出的条件是将护城河填平，这令城方难以接受，交涉迟迟无法取得进展。最后，解决这件事的关键竟是大炮。

当时的炮弹虽然不会绽裂，但分量很重、破坏力十足，还是能起到威吓敌人的作用。德川家康在冬之阵展开前才从荷兰和英国购入这种巨型的大炮，并派兵学习操作方法。

幕府军渐渐逼近总构的壕沟边缘后，迅速地在南边的天王寺口和东南的玉造口以沙包堆成屏障，竖立环绕式栅栏，搭建井楼，以方便对城内开枪。同时，还间歇搭配数座大炮的齐声炮轰。

另外，幕府军还在城北的备前岛发动一百门的炮弹攻击，把敌方的屏障和橹一一轰垮。位于城郭西北方京桥口的片桐且元算准了秀赖到山里的丰国明神社参拜的时间，对城内开炮。炮弹打中了耸立在山里上空天守的内层柱子，柱子垮了，把里面的淀殿吓得直发抖。

诸如此般将大批炮弹运用在战争中，并采取同步攻击的策略，在日本史上还是头一遭。传说当时隆隆的炮声，就连京都也听得到。

这次炮击的结果是，城方派出了常高院（淀殿的妹妹，也是秀忠夫人的姊姊）等人，幕府方面则以德川家康的侧室阿茶局和本多正纯为代表，双方在幕府军京极忠高（常高院之子）的阵营里进行和谈。

和谈确定由幕府方面拆除总构的设施，而二之丸和三之丸的围墙与栅栏等交由城方自行拆除。这些决策内容经御所（将军德川秀忠）及大御所（前将军德川家康）亲自用印确认。

拆除总构的工程从深夜一直持续到翌日才结束。当天众大名向家康禀报情形，出身仙台的伊达政宗向大御所献计："为了避免日后又有人推举秀赖出面造反，何不趁此机会将二之丸和三之丸的沟渠全部填平，以绝后患？"面对众大名关注的眼神，家康表示他不想这么做，但暗中将原定隔天才出发的行程提前，赶在当晚前往京都。临走前他交待本多正纯："不光是总构，连二之丸和三之丸的沟渠也给我埋了！直到三岁小孩都

可以自由地爬上爬下为止。"

　　于是，在本多正纯的指挥之下，幕府方面继拆除总构之后，又投入三之丸沟渠的掩埋作业。城方发现这项举动之后惊异万分，对于幕府方面径自违反约定提出抗议，奈何对方丝毫没有停下来的迹象。到了翌年庆长二十年（元和元年，1615年）正月，对方更展开了掩埋外护城河的工程。由于护城河很深，光填沙土既费时又耗工，于是他们索性把二之丸的千贯橹及有乐、治

长的房舍等建筑物全拆了，然后把木料丢进护城河里。

　　正月十九日，将军秀忠眼见拆除工程即将完工，便离开大阪前往伏见城。到了二十四、二十五日，各国大名也纷纷踏上归乡之路，本多正纯准备撤离时还特地绕经本丸的樱门。至此，由太阁丰臣秀吉一手打造的大阪城只剩下孤零零的本丸和内护城河部分。

夏之阵——丰臣军出城迎战

幕府军离开大阪才一个多月，1615年（庆长二十年）三月五日，二条城的京都所司[1]代板仓胜重来到骏府向德川家康禀报："大阪方面又策划造反了！"他说，"他们正在囤积稻米和大豆。而且原本填平的沟渠又再度挖开，浅一点的地方已经到腰，深的地方甚至超过一个人的肩膀。浪人也愈聚愈多，到处都有谣言说他们准备火烧京都呢！"

关于这件事，秀赖派遣使者前来骏府说明原委："那是因为我辖区内的摄津和河内之前成了冬之阵的战场，农民为了逃命全跑光了，加上旱灾，年贡根本缴不出来，没办法只好自行买进稻米和大豆了。"

尽管如此，大御所还是在四月四日发出命令，让众大名准备出兵。众大名各自整顿军容，浩浩荡荡集结到京都后，大御所对秀赖发出最后通牒："在关于你图谋造反的谣言平息之前，你暂且以大和为领国代替摄津和河内，并且将大阪城让出来，改住到郡山城去。五到七年之内，我会把大阪城恢复原状再还给你。"

秀赖与城内将士商讨之后，答复如下："要我离开父亲太阁大人倾尽多年心力兴建的城郭，搬迁他地暂住，万万做不到！另外，要我将初来乍到的浪人武士赶出城外，我也于心不忍。倘若因此招惹阁下不高兴，我们有提着头颅上战场的心理准备，就请阁下放马过来吧！"

在此之前，其实丰臣氏这方已悄悄派大野治房（治长之弟）出城前往大和，将筒井家所属的郡山城和城邑以及御用木匠中井家所在的法隆寺村，甚至堺的商镇，全部放火烧了。为的就是报复这些曾经蒙受丰臣家保护、现在投靠德川家势力的叛徒。

五月五日，由15万名士兵组成的幕府大军正式从京都出发，分成河内、大和二路进击。六日，他们在大阪城东南方20公里处的国分、道明寺以及往北一点的若江、八尾地区，与城方派出的真田队等士兵正面交锋，双方展开激战。后来，城方所属的军队撤退至大阪城。

到了七日，一大早即出城的丰臣军与从天王寺口、冈山口方向朝着城郭前进的幕府军，在正午时分展开最后的决战。在这场敌我难分的混战当中，刚开始双方胜负难分，后来丰臣军终究寡不敌众，将士相继阵亡。这时候，有个人的表现十分抢眼，那就是真田幸村。他率领的真田队从身上的盔甲到旗帜等是清一色的红。他们一路冲锋陷阵，直捣德川家康指挥的大本营，甚至一度威胁到家康的性命。奈何最后兵力耗弱，幸村本人也战死了。

1　负责监督管理武士机构侍所的长官。

夏之阵——大阪城起火，丰臣氏灭亡

　　秀赖和少数人留守在本丸，他原本打算率兵从樱门攻出去，却遭到家臣阻止。没隔多久，德川方面埋伏在城中的内应于三之丸的台所放火，同时，自京桥口攻入二之丸的幕府军先锋越前队（藩主松平忠直的父亲即德川家康的次子，过去曾是丰臣秀吉的养子），也加入纵火行列，眼看着火势就要延烧到本丸了。

　　于是，秀赖只好带着生母淀殿与妻子千姬等人爬上天守，欲自我了断之际遭到家臣制止，被

从天守带下来，循着月见橹下方来到山里躲避火势，最后藏身在靠近东侧下段带状曲轮边缘的朱三橹。就在这时候，大野治长将千姬救了出去，把她送到茶臼山的德川家康阵营，并派遣随从传话给本多正纯，希望他可以在家康面前代为哀求饶了秀赖母子的命。

　　午后4时左右，越前兵攻入本丸内，大阪城终于彻底沦陷了。后来焰硝藏（火药库）发生大爆炸，漫天飞散着碎片残瓦，火舌逐渐包围了整

座大阪城。这栋曾经以富丽堂皇闻名于世的建筑物终于被无情的战火吞噬，持续燃烧到半夜。

从城里逃出来的人纷纷跳入河川欲渡到北方的天满，但最后不是在岸边被杀，便是溺死在河里，整条河川上布满了浮尸。城郭的四周俨然成了一座万人冢。

翌日，在已面目全非的大阪城中，幕府军井伊队的士兵对着尚未烧尽的朱三橹齐声开炮。秀赖等人明白大势已去，集体在里面自我了断，同时放火引燃橹。这是发生在1615年（庆长二十年）五月八日的事。这年秀赖二十三岁，淀殿四十九

岁。此时距离丰臣秀吉开始筑城大业已有三十二个年头。回想起筑城之初，黑田官兵卫如此煞费苦心地绳张，也仅使千姬一个人获救。

秀赖与其侧室育有一个八岁的儿子，名唤国松，还有一个七岁的女儿。他们在大阪城沦陷时虽然幸运地逃往了京都，但后来仍遭到逮捕。国松被处死，秀赖的女儿被迫削发为尼，被送进镰仓的东庆寺。事情发展至此，丰臣家族已然和大阪城一起沉入了历史。

在本丸烧毁之后，幕府军曾于火灾现场的瓦砾堆中发现28 000枚金子与24 000枚银子。

德川幕府重建大阪城

　　战后，幕府对众大名发布命令：除了他们各自的居城以外，他们领地内的其他城郭一律拆除。同时幕府还将众大名召至伏见城，对他们公布所谓的武家诸法度。其中有一项条文为："坚固的城池是招致战争的主要因素，故今后禁止兴建新的城郭。即使是进行修缮，也必须向幕府提出申请，经核准始可进行。"这项条文即所谓的"一国一城令"。

　　将大名居城以外的城郭全部拆除（城割），以确保天下和平，这原本是丰臣秀吉成为天下共主时定立的目标，讽刺的是最后因丰臣家的灭亡才真正得以实现。这项一国一城令，象征着过去

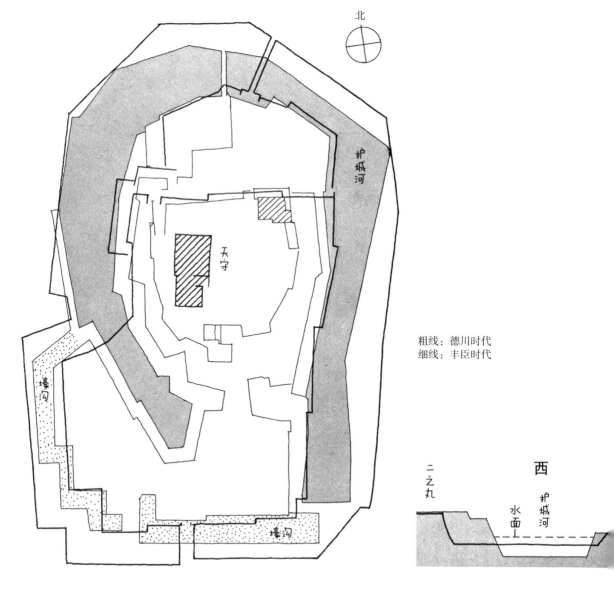

北

护城河

天守

粗线：德川时代
细线：丰臣时代

壕沟

壕沟

二之九

西

护城河
水面

筑城时代的结束。

翌年1616年（元和二年），德川家康在骏府城结束了他长达七十五年的生命。辞世前，他对于幕府的将来隐隐感到不安。

*

夏之阵结束后，德川家康把大阪城赐给了孙子松平忠明。松平忠明随即在这片饱受战火蹂躏的土地上重建城市，并在丰臣时代的三之丸旧址上进行整顿，拟将它建设为商业圈。

1619年（元和五年），幕府将松平忠明改派往大和郡山，把大阪纳入自己的直辖领地，并着手重建大阪城。在此之前，幕府向来以伏见城为控制西日本的权力中枢，如今决定以大阪城取而代之。于是，伏见城只得被拆毁，拆除的石头全被搬到大阪来筑城。而伏见的商人也随着政策转弯，被迫集体迁往大阪居住。

将军秀忠亲自前往大阪城，与藤堂高虎面对面进行研究。他们决定改变丰臣时代的规格，将护城河的规模扩大为旧城的两倍。藤堂高虎虽是丰臣秀长的重臣，但实力深获德川家康的肯定，秀长亡故之后藤堂高虎被家康拔擢为大名，成为家康身边不可或缺的军师。大阪之战发生时，藤堂队被安排在家康的身边，藤堂高虎甚至还参与家康与秀忠的高层军事会谈。所以，既然这是幕府主导的筑城任务，绳张的重任自然就落到了藤堂高虎的身上。以往丰臣秀吉的身边有个黑田官兵卫，现在藤堂高虎在德川家康心目中扮演的角色，相当于丰臣秀吉的黑田官兵卫。

营造奉行委由过去时常担任幕府工程任务的奉行官小堀政一（远州）来负责。小堀政一的父亲同样是秀长的重臣。秀长的家臣中特别容易诞生知名的筑城专家，大概因为秀长参与了不少筑城工程，包括大阪城、淀城、大和郡山城、大和高取城及和歌山城等。

这次大阪城的重建工程由伊势、越中（富山县）地区以西的诸国大名来分担。历年来，西国大名总是免不了在幕府的筑城任务上被点名，原因是这些大名远从丰臣秀吉筑城以来便拥有丰富的砌石垣经验，另一方面是他们有不少人和丰臣家族关系密切（从幕府的角度来看，这群人无疑是所谓的"外样大名"，也就是旁系、边缘化的大名），站在幕府的立场，背后不无趁机削弱对方经济力的企图。

1620年（元和六年）起展开的第一期工程，包括堆砌在冬之阵遭破坏的外护城河西、北、东三面护渠的石垣，以及二之丸的营造工程。另外，

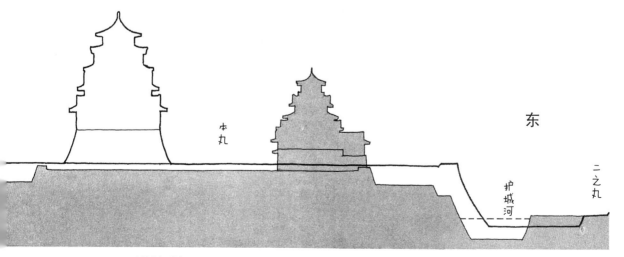

本丸　　　东　　护城河　　二之丸

地势剖面图

111

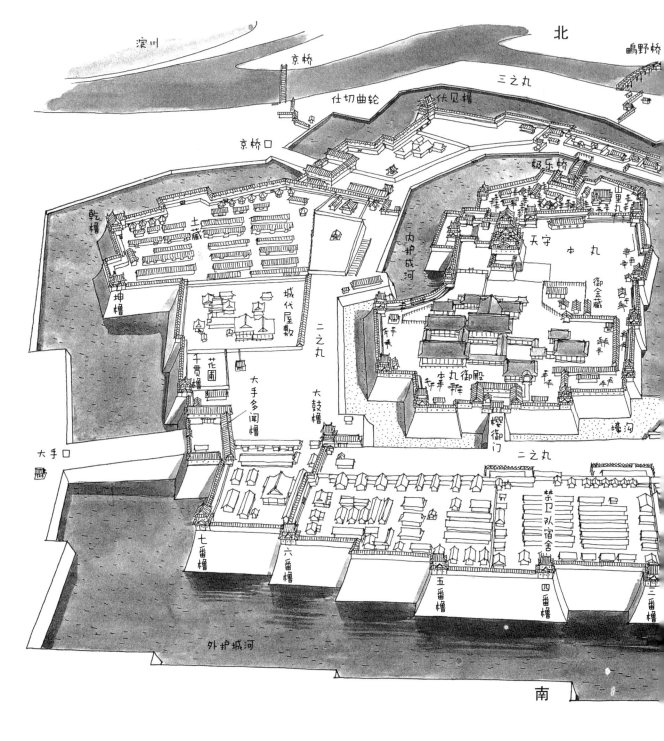

本丸方面开始进行堆土作业。这是为了打造一片宽广的建地，供后续兴建大型御殿之用，二来也是为了将丰臣秀吉时代留下来的石垣彻底掩埋。

1623年（元和九年），德川秀忠退隐，由家光继任将军。为了举行仪式专程进京的两人，顺道来到大阪城，住在本丸暂时搭建的御殿里。秀忠在这时候发布命令，展开本丸的绳张作业，并于翌年（宽永元年，1624）和后年分两次完成本丸与内护城河的营造工程，本丸正式的御殿于焉诞生。1626年（宽永三年），秀忠与家光相

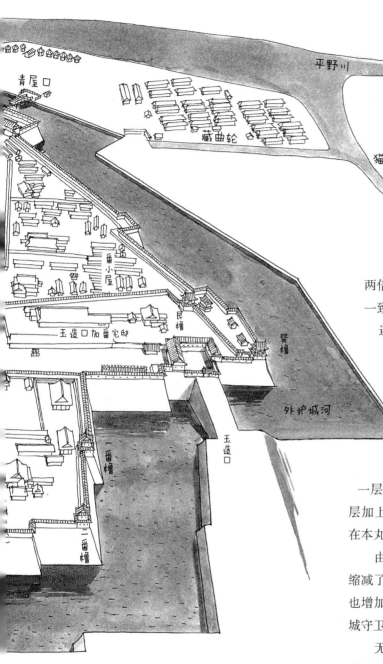

平野川

猫间川

青屋口

藏曲轮

一番小屋

玉造口加番宅邸

民檐

哭檐

外护城河

一番檐

玉造口

二番檐

内外护城河均加以拓宽，宽度皆为原始的两倍大。护城河两岸的石垣特别采用体积大小一致、表面磨平的石料来堆砌。石垣的最上方还依藤堂高虎的提议摆设了狭间石（石头上凿有射击孔）。

除了山里曲轮之外，本丸的设施已全体融合为一座曲轮。新建的御殿仅剩下一座，面积比丰臣秀吉时代更大，将成为将军的公馆。建在城郭西北方的天守台，一层的面积便是丰臣时代规模的两倍。地上五层加上石垣内的一层，使得天守看来十分壮观。在本丸的四周，则交相排列着三重檐及多门。

由于护城河拓宽，二之丸的面积反而较过去缩减了一些。不过新建的檐比以往巨大，在南侧也增加了不少数量。二之丸内还设置了负责大阪城守卫工作的大名及士兵的居所。

无论是天守、檐还是围墙，全部施以漆喰，并统一漆成白墙，和过去丰臣时代的风格截然不同。其庞大的规模，向大阪的百姓昭示着幕府的威仪。

德川幕府理想中的大阪城完工之时，也正是丰臣秀吉苦心修筑的旧大阪城沉入历史的时候。但是对居住在大阪的老百姓来说，他们心目中的大阪城，永远属于太阁丰臣秀吉所有。

继造访大阪城。1628年（宽永五年），开始进行仅剩的二之丸南面外护城河的兴建工程，翌年完工落成。

历经十年打造起来的新大阪城，外观已和丰臣时代大为不同。

后记之一

宫上茂隆

我上学时使用的日本史教科书上，提到丰臣秀吉兴建大阪城的章节里刊载了一张今日大阪城石垣的照片。过了二十多年，如今的教科书仍到处是错误。书里写到大阪城的天守有九层，其实这是后人误解了大友宗麟见闻记的内容。根据其他可靠史料，实际上天守应该是七层或八层（之所以会有两种说法，相信读者从本书中的解释已可明了）。另外，教科书还印有蒙塔那斯（Anoldus Montanus）绘制的《日本志》插图，实际上那张图画的并非丰臣氏建的大阪城，而是德川重建的新大阪城。

除了《日本志》之外，相关历史书中还曾经出现过许多插图，这些图画都被当作丰臣氏大阪城的史料，其中较具可信度的仅有"夏之阵图屏风"一幅而已。

想要正确了解过去发生的事，实在不是一件容易的事。相信你我都有经验：即使是昨天才发生的社会事件，也会因为各家电子媒体和报纸切入角度的不同，而出现报道的差异。更何况在密室进行的政治会谈，详细内容根本没有人知道，外界大多只能臆测。尽管如此，我们还是努力设法了解过去的事。关于这一点，或许只能说是人类特有的一种本能吧。

要尽可能正确地还原历史上发生的事，唯有谨慎选择可信度高的史料，并且将这些史料加以最大限度的利用。最擅长做这件事的是历史学家。

我本身是学建筑史的学者，我们的工作和历史学家相似，即努力还原昔日建筑方面的变迁。但是，要还原过去的建筑和建筑技术（以及由建筑物集结而成的聚落和都市），不能光靠文献，残存至今的古老建筑物也要当作史料般一并进行研究。

本书一方面试图为读者追溯日本战国时代至安土大阪时代，乃至江户时代初期有关城郭的历史，尤其是大阪城的历史；另一方面以绘图的方式，试图重现当年那个属于丰臣氏的大阪城的基本面貌。

光靠本丸图的平面图或是"夏之阵图屏风"这些数据，能重现立体的建筑物吗？可以，因为过去日本的木造建筑采用的是传统技术，不同于现代的建筑物，它必须遵循一定的方法和规格。

建筑技术随着木作工具与木匠组织之变化而日益进步，然而变化的时期有限。不仅构造种类稀少，变化的幅度也不大。就连建筑物的大小和各部位构件的尺寸，也有近似于固定规格的设计，那是考虑了人的高矮和木造结构的合理性而来的。在古时候的日本，几乎不可能像现代社会这般随处可见外观、构造各有特色的建筑物。因此，只要对日本的建筑史有所认识，甚至仅针对大阪城那个时代或前后时代的建筑物及其使用方式进行研究，即可由本丸御殿的平面图推测出各个建筑物的功能，并将建筑物的立体样貌完整地描绘出来。

幸运的是，室町时代末期以后的住宅建筑尽管遗留下来的数量不多，但仍颇具参考价值。不过其中有不少建筑物位于寺院内，加上城郭的御殿又仅剩下次要建筑物，如二条城的二之丸御殿（原始建筑乃建于宽永年间，在关原之役后移建至此的可能性很高），因此，我很难判断它们与丰臣秀吉的大阪城究竟有多高的相似度。

关于天主（天守）这种新型建筑物，若说是出自织田信长个人的构想，这在日本建筑史上倒是罕见的例子。因为建筑技术来自大木匠师，照理说天守的构造绝不可能是纯粹想象那般天马行空。目前，我正在根据可靠的史料尝试考证、复原安土城的天主，以及大阪城的兄弟城大和郡山城的天守。凡是关原之役后各地群起兴建的天守，皆成为我重要的参考数据，我必须对现存的实物进行调查，对已消失的则进行复原的研究。另一方面，负责兴建大阪城天守的法隆寺木匠团队，以及寺院的建筑也必须仔细研究。唯有通过这些资料，才能确实了解天守的高度是如何决定的，它的构造方法又是如何，这样才能模拟出建筑物的复原图。

在此过程当中有不少地方仍令我感到费解，现在复原图是完成了，但免不了有我想要调整、变更的部分。总之，想要更完整地重现历史，唯有不断继续往下探究。

我一路走来研究至今，包括这次编纂这本书，得感谢许多人士的帮助。

有关大阪城的资料，我最先研读的是小野清先生的著作《大阪城志》（1899）。

促使我去调查本丸图的关键是刊登在《日本城郭全集》的一张本丸图照片，以及樱井成广先生针对本丸图所作的解说。

本丸图的正本，我得以在中井家（现在的户长为忠重先生）亲眼见到。

在深入研究本丸图时，我参考了政府调查团（团长村田治郎先生）进行综合学术调查时制作的城池实测剖面图，以及考古发现的有关石垣的报告（由当时的天守阁主任冈本良一先生执笔）。

为了求见以上珍贵资料，我专程拜访负责大阪城天守阁的秋山进午先生（继冈本先生之后担任主任）。记得当时我从窗户恰好能看见青屋口那曾经遭受空袭的工地残迹。

凭借这些资料，我开始进行本丸图的考证工作，借此绘制了丰臣秀吉时代本丸地形的复原图。当时我推测的旧本丸地表水平面，与后来在大阪城天守阁（现主任为渡边武先生）进行本丸探钻作业的调查结果是相符合的。

而我之所以能完成天守、本丸御殿、本丸地形的复原图，得归功于本人主持的竹林舍建筑研究所的古川敏夫与木冈敬雄两位先生的协助。

为了完成本书，我特别请穗积和夫先生将我那些复原设计图重新描绘成插画。插画与建筑的复原图大异其趣，让读者更容易理解建筑的真实样貌，也显得比较亲和。

倘若读者可以借由此书产生更多对历史和建筑的兴趣，那便是作者最大的快慰了。

若问到我本人是何时开始对建筑产生兴趣，那得追溯到小时候，当时我每天上学的学校就在真田幸村的居城上田城的护城河旁。

后记之二

穗积和夫

　　从丰臣秀吉兴建大阪城到 1983 年正好满四百年。大阪还因此举行了庆祝四百年的盛大祭典。很可惜这本书没能赶上在祭典那时发行。尽管过程很辛苦，最后我总算将整本书的插画完成了。在大阪之战后，经由德川氏之手重建的大阪城里，再也看不到属于丰臣氏一砖一瓦的痕迹。尝试用插画的方式来重现那个海市蜃楼般的丰臣氏大阪城，几乎花掉我一整年的时间，好不容易才完成这本书。甚至，当我走在大阪的街道时，经常仿佛在潜意识里回到了四百年前的大阪，无论是方向感还是距离感，全都迷失在那个属于丰臣秀吉的时代。就这样，我养成了边走边确认自己脑中地图的习惯。

　　关于大阪之战时使用的大炮，虽然有一说指出是用手臂夹着大型的种子岛枪击发的，但我在本书所描绘的却是以"佛郎机"[1]这种古时候的大炮为原型的。忠实呈现历史很重要，但身为画家的我终究不能忘记自己的任务是画出一本绘本该有的趣味性。在这方面，得特别感谢我的老友——也是研究日本古代枪炮的第一把交椅——小桥良夫先生。他能充分理解我的需求，适时提供大量有效的建议，甚至出借宝贵的数据供我参考，在此我想表达诚挚的谢意。

　　当这本《大阪城》完成之后，"日本营造之美"系列已经完成了五本。身为插画家的我在描绘古代建筑物或街道方面的新尝试，也算走出了既有的风格，展现出一种新的画风。对于读者朋友在这期间给予的支持和鼓励，本人不胜感激，同时更体认到自己担负的重大责任。

1　葡萄文的 franco，意指大炮。

文景

社 科 新 知　文 艺 新 潮

Horizon

日本营造之美：第二辑

[日]宫上茂隆 等 著　[日]穗积和夫 绘

张雅梅 等 译

出 品 人：姚映然

策划编辑：熊霁明

责任编辑：熊霁明

营销编辑：高晓倩

装帧设计：肖晋兴

审 图 号：GS（2021）209号

出　　　品：北京世纪文景文化传播有限责任公司

　　　　　　（北京朝阳区东土城路8号林达大厦A座4A　100013）

出版发行：上海人民出版社

印　　　刷：山东临沂新华印刷物流集团有限责任公司

制　　　版：壹原视觉

开 本：787mm×1092mm　1 / 16

印 张：35.25　字 数：356,000

2021年4月第1版　　2021年4月第1次印刷

定 价：298.00元

ISBN：978-7-208-16630-1 / G・2041

图书在版编目（CIP）数据

日本营造之美. 第2辑 /（日）宫上茂隆等著；（日）
穗积和夫绘；张雅梅等译. -- 上海：上海人民出版社,
2020

　　ISBN 978-7-208-16630-1

　Ⅰ. ①日… Ⅱ. ①宫… ②穗… ③张… Ⅲ. ①建筑文
化 - 介绍 - 日本 Ⅳ. ①TU-093.13

　中国版本图书馆CIP数据核字(2020)第141820号

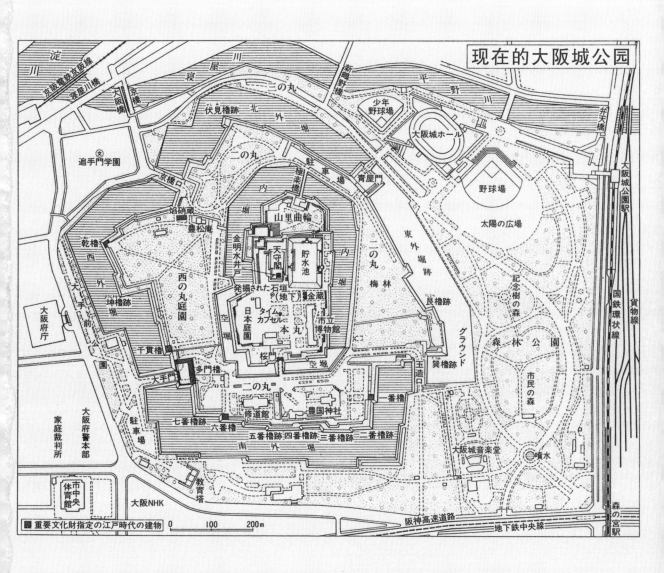

現在的大阪城公园

淀 川
寝 屋 川
平 野 川

京阪電鉄京阪線
渡屋川橋
大阪橋
京橋
新鴫野橋
弁天橋
大阪城公園駅
国鉄環状線
貨物線

追手門学園

伏見櫓跡
二の丸
北 外 堀
二の丸
駐車場
極楽橋
青屋門
少年野球場
大阪城ホール
野球場
太陽の広場

乾櫓
西 外 堀
焔硝蔵
豊松庵
内 堀
山里曲輪
金明水井戸
天守閣
貯水池
二の丸
東 外 堀 跡
梅林
記念樹の森
森 林 公 園

大阪府庁
埋櫓跡
西の丸庭園
発掘された石垣(地下)
金蔵
良櫓跡
グラウンド
市民の森

大手前公園
千貫櫓跡
空堀
タイムカプセル
日本庭園
本丸
市立博物館
玉造
巽櫓跡
市民の森

大手門
多門櫓
二の丸
桜門
空堀
豊国神社
一番櫓
大阪城音楽堂
噴水

大阪府警本部
家庭裁判所
駐車場
修道館
七番櫓跡
六番櫓
五番櫓跡 四番櫓跡 三番櫓跡 二番櫓跡
南 外 堀

市中央体育館
大阪NHK
教育塔
阪神高速道路
地下鉄中央線
森の宮駅

0　100　200m
■ 重要文化財指定の江戸時代の建物

大阪城相关事件年表

	西历	和历	大事纪		西历	和历	大事纪
室町时代	1467 年	应仁元年	五月，发生应仁之乱。		1584 年	天正十二年	一月，秀吉开放大阪城山里的茶室供参观。三月，秀吉在尾张小牧与织田信雄、德川家康联军陷入长期对峙。八月，秀吉搬迁到大阪城新建的御殿。十二月，秀吉与织田信雄、德川家康和谈。
	1496 年	明应五年	九月，本愿寺莲如在大阪创建石山御坊。				
	1532 年	天文元年	八月，山科本愿寺失火，总寺迁往石山。				
	1543 年	天文十二年	八月，葡萄牙船只抵达种子岛，日本引进枪炮。		1585 年	天正十三年	三月，秀吉出兵镇压纪伊的根来与杂贺的地方暴乱。四月，秀吉开放已完工的大阪城天守、御殿，供本愿寺来访的使者参观。五月，秀吉将大阪天满一地赐给本愿寺。六月，秀吉命弟秀长出兵平定四国。七月，秀吉升任关白。
	1549 年	天文十八年	七月，方济各·沙勿略来到鹿儿岛，宣传基督教。				
	1560 年	永禄三年	五月，织田信长在尾张桶狭间击败今川义元的军队。				
	1562 年	永禄五年	一月，石山寺内町发生火灾，2000 间店铺遭焚毁。		1586 年	天正十四年	一月，秀吉将黄金茶室搬到御所，献茶给天皇。同时展开大阪城二之丸和外护城河的普请工程。二月，秀吉兴建聚乐第。三月，高耶勒、弗洛伊斯等基督教传教士在大阪城与丰臣秀吉会面。四月，大友宗麟在大阪城与秀吉会面。秀吉决定在京都东山兴建方广寺大佛殿。十月，家康在大阪城与秀吉会面。十一月，正亲町天皇让位给后阳成天皇。十二月，秀吉任太政大臣，蒙赐丰臣姓氏。
	1567 年	永禄十年	八月，信长攻下斋藤龙兴所属的美浓稻叶山城，改名岐阜并重新筑城。十月，松永久秀进攻三好，放火烧东大寺大佛殿。				
	1568 年	永禄十一年	九月，信长与足利义昭共赴京城。十月，义昭升任将军。				
	1569 年	永禄十二年	二月，信长为义昭兴建二条城。				
	1570 年	元龟元年	六月，信长在近江川大破浅井朝仓的联军。九月，本愿寺号召各地信众举兵与信长大战（石山会战开始）。	安土、大阪时代			
安土、大阪时代	1571 年	元龟二年	九月，信长放火烧比叡山延历寺。		1587 年	天正十五年	三月，秀吉由大阪出兵，讨伐九州的岛津氏。六月，秀吉在九州颁布禁止基督教传教的政令。九月，秀吉迁居至新落成的聚乐第。十月，秀吉在京都北野举办大茶会。
	1573 年	天正元年	七月，信长将义昭放逐（室町幕府灭亡）。八月，信长出兵灭浅井氏、朝仓氏。				
	1574 年	天正二年	三月，羽柴秀吉受封浅井寺的旧领土，并入主近江长滨城。		1588 年	天正十六年	四月，后阳成天皇出行聚乐第。七月，秀吉下令实施刀狩令。（英国伊丽莎白女皇舰队击败西班牙菲利普二世的无敌舰队。）
	1575 年	天正三年	五月，信长与德川家康在三河长筱击败武田胜赖。				
	1576 年	天正四年	一月，信长在安土筑城，并迁居此地。七月，毛利氏的水军在大木津川口击败信长的水军，并将军粮囤放在石山里。		1589 年	天正十七年	五月，秀吉侧室茶茶（淀殿）在淀城生下鹤松。八月，鹤松移居大阪城。
	1577 年	天正五年	十月，丰臣秀吉出征攻打中国。		1590 年	天正十八年	三月，秀吉为讨伐小田原的北条氏而离京。七月，北条氏投降，秀吉入主小田原城，并将关东赐给德川家康。待秀吉平定奥州之后，全国统一。八月，家康入主江户城。
	1578 年	天正六年	十一月，信长的水军利用铁甲船在大木津川口击败毛利氏的水军。				
	1580 年	天正八年	闰三月，本愿寺与信长和谈，撤退至纪伊鹭森。当时，御堂和寺内町全起火燃烧。				
	1582 年	天正十年	六月，信长遭明智光秀突袭，死于京都本能寺。丰臣秀吉在山崎与光秀对决，击败对方。信长手下大将群聚尾张清洲城，开会决议将大阪城赐给池田恒兴。		1591 年	天正十九年	一月，秀长去世。闰一月，秀吉在京都打造土居。二月，秀吉命千利休切腹自杀。八月，鹤松去世，秀吉决心出兵朝鲜。十月，秀吉在肥前名护屋筑城。十二月，秀吉将关白大位让给秀次继承，自封为太阁。
	1583 年	天正十一年	四月，丰臣秀吉在近江贱岳击败柴田胜家，胜家在越前北庄自尽。五月，秀吉将池田恒兴的势力移往美浓。六月，秀吉办完织田信长的周年忌，之后入主大阪，并着手进行本丸的普请作业。				

时代	西历	和历	大事纪
安土、大阪时代	1592年	文禄元年	一月，秀吉命众大名出兵朝鲜。三月，秀吉出发名护屋（文禄之役）。七月，秀吉的母亲去世。八月，秀吉兴建伏见城作为退隐后的居城。
	1593年	文禄二年	八月，秀吉的侧室淀殿在大阪城二之丸生下秀赖。
	1594年	文禄三年	三月，秀吉同时为施工中的伏见城和大阪城打造总构。
	1595年	文禄四年	二月，秀吉自大阪迁居伏见城。七月，秀吉将关白秀次放逐到高野山，并命对方自尽。八月，秀吉捣毁聚乐第。
	1596年	庆长元年	闰七月，近畿地区发生大地震，伏见城崩塌，大阪城连千叠敷在内亦受到损坏。伏见城移往木幡山重建。九月，秀吉与明朝使节在大阪城会面。
	1597年	庆长二年	一月，日本军队再度登陆朝鲜（庆长之役）。五月，秀吉与秀赖共同迁居新落成的伏见城。
	1598年	庆长三年	三月，秀吉与秀赖等人在醍醐寺举办赏花会。八月，秀吉逝世于伏见城，此前仍下令在大阪城总构内兴建大名府。
	1599年	庆长四年	一月，秀赖自伏见城迁居大阪城。
	1600年	庆长五年	二月，德川家康在大阪城的西之丸兴建天守。九月，石田三成等西军放火烧伏见城，后来在关原会战吃了败仗，东军大胜。家康成为天下共主，秀赖则降为大名。
江户时代	1602年	庆长七年	五月，家康令众大名兴建二条城，并翻新伏见城。十二月，方广寺大佛殿烧毁。
	1603年	庆长八年	二月，家康受命为征夷大将军，于江户展开幕府生涯。七月，德川千姬嫁与秀赖。
	1605年	庆长十年	四月，家康辞去将军一职，命德川秀忠继任。
	1606年	庆长十一年	三月，家康令众大名展开江户城石墙普请作业。
	1608年	庆长十三年	众大名纷纷打造各自的居城，传闻一年内全国出现二十五座天守。
	1609年	庆长十四年	一月，丰臣秀赖着手重建方广寺大佛殿。
	1610年	庆长十五年	二月，家康指定众大名参与名古屋城的普请。
	1611年	庆长十六年	三月，家康在二条城接见秀赖。后阳成天皇让位给后水尾天皇。
	1614年	庆长十九年	七月，家康以方广寺的钟铭为由，宣布大佛殿落成法事须延期举行。十月，爆发大阪冬之阵。十二月，幕府与丰臣氏缔约讲和；幕府军掩埋大阪城的沟渠，只留下本丸和内护城河。
江户时代	1615年	庆长二十年	四月，爆发大阪夏之战。五月，大阪城沦陷，秀赖与淀殿自尽（丰臣氏灭亡）。
	1615年	元和元年	六月，幕府任命松平忠明为大阪城主。幕府颁布一国一城令，明文禁止兴建新的城堡。
	1616年	元和二年	四月，家康殒殁。
	1619年	元和五年	七月，幕府废伏见城，以大阪城取而代之，松平忠明被派往大和郡山。九月，秀忠赴大阪城，计划重建事宜。
	1620年	元和六年	一月，幕府指定北国、西国众大名重建大阪城二之丸，并修复外护城河西、北、东三面石墙。
	1624年	宽永元年	一月，幕府兴建大阪城本丸和内护城河。
	1628年	宽永五年	二月，幕府兴建大阪城二之丸及外护城河南面。翌年，历经十年的重建，工程大功告成。
	1665年	宽文五年	一月，落雷导致大阪城天守烧毁。
	1843年	天保十四年	幕府要求大阪、西宫、堺的商人捐款，并花费十五年时间翻修大阪城。
	1868年	明治元年	一月，幕府军在鸟羽伏见之战战败，撤回大阪城。长州兵乘胜追击攻打大阪，建筑物起火烧毁了大半。
近代	1871年	明治四年	新政府在大阪城设立驻军。
	1885年	明治十八年	将和歌山城二之丸御殿移筑至大阪城本丸。
	1931年	昭和六年	十一月，由大阪市民捐款兴建的天守竣工，城内部分土地变成公园。
	1941年	昭和十六年	十二月，太平洋战争爆发。
	1945年	昭和二十年	六月，美军一场大空袭使得大阪城建筑严重受损。八月，战争结束，美军驻留大阪城。
	1947年	昭和二十二年	九月，本丸纪州御殿烧毁。
	1948年	昭和二十三年	八月，美军将大阪城还给大阪市。
	1953年	昭和二十八年	三月，设立大阪城修复委员会。六月，大手门暨十三栋主要建筑物列入日本重要文化财产。
	1955年	昭和三十年	六月，大阪城一带的土地列入日本特别古迹保护。
	1959年	昭和三十四年	十二月，进行大阪城综合学术调查，发现埋藏在本丸地底下的石垣。
	1983年	昭和五十八年	十月，举办大阪筑城400年祭典（展开大阪21世纪计划）。